测绘地理信息科技出版资金资助

沉浸式虚拟地球技术与应用

Technique and Application of Immersive Virtual Reality Globe

黄吴蒙 陈 静 李 勇 杨 骥 潘屹峰 著

测绘出版社

·北京·

内容简介

本书共分三大部分，以沉浸式虚拟地球的发展历史、关键技术、原型系统为主线展开论述。在发展历史方面，主要论述沉浸式虚拟地球出现背景，并系统介绍虚拟地球基础理论与方法。在关键技术方面，针对沉浸式虚拟地球所涉及的交互、绘制、眩晕三方面关键技术问题，分别提出一种解决方法。其中，场景交互方法，解决用户与多尺度虚拟地球场景的漫游交互问题；双目并行绘制方法，解决双目绘制机制下虚拟地球场景高效可视化问题；限时可视化方法，解决虚拟地球场景浏览过程中因视觉感知跟不上运动感知所导致的虚拟现实眩晕问题。在原型系统方面，则论述系统总体架构设计、主要功能介绍、系统设计与实现三部分内容。

本书可供测绘工程、地理信息系统、计算机等领域的工程技术人员、科研人员和管理人员参考，也可供高等学校相关专业师生参考。

图书在版编目(CIP)数据

沉浸式虚拟地球技术与应用 / 黄吴蒙等 著. —北京：测绘出版社，2020.6

ISBN 978-7-5030-4311-6

Ⅰ. ①沉…　Ⅱ. ①黄…　Ⅲ. ①数字地球　Ⅳ. ①P208

中国版本图书馆 CIP 数据核字(2020)第 102625 号

责任编辑　吴　芸	封面设计　谷通佳雨	责任校对　石书贤

出版发行	测绘出版社	电　　话	010—83543965(发行部)
社　　址	北京市西城区三里河路 50 号		010—68531609(门市部)
邮政编码	100045		010—68531363(编辑部)
电子信箱	smp@sinomaps. com	网　　址	www. chinasmp. com
印　　刷	北京华联印刷有限公司	经　　销	新华书店
成品规格	169mm×239mm		
印　　张	6. 5	字　　数	125 千字
版　　次	2020 年 6 月第 1 版	印　　次	2020 年 6 月第 1 次印刷
印　　数	0001—1000	定　　价	56. 00 元

书　　号　ISBN 978-7-5030-4311-6

本书如有印装质量问题，请与我社发行部联系调换。

序

通过航空航天遥感技术大量获取全球高分辨率遥感影像，建立覆盖全球的虚拟场景，并采用全球分布的大量服务器系统和高效的空间数据传输与三维实时可视化技术，使任何人在任意时刻于任意位置都可以快速浏览和查询全球任意地方的空间信息，已经成为当代地理信息技术的重要标志，以谷歌地球为代表的虚拟地球正是在这一时代背景下应运而生。

目前虚拟地球已经有20多年发展历史，在海量空间数据建模与高逼真可视化等方面取得了一定的技术突破。近几年来，随着虚拟现实设备及相关技术的不断成熟，研究人员对虚拟现实技术与虚拟地球技术结合产生了兴趣。虚拟现实一般特指沉浸式虚拟现实，它通过头盔式显示器、手部控制器等交互设备模拟用户视觉、触觉等人体感知功能，能够使用户沉浸于虚拟场景之中，以自然行为与虚拟世界中的物体进行互动。将沉浸式虚拟现实技术与虚拟地球技术进行结合，构建沉浸式虚拟地球，不仅能够使用户身临其境浏览地球上任意角落的虚拟场景，同时还可以利用虚拟现实特有的三维人机交互方式，设计出更加复杂的交互策略以满足不同空间数据的应用需要，为探索空间数据、加深空间数据理解提供有力支持，实现全球多源多尺度空间数据的交互式可视化。因此是虚拟地球未来发展的一个重要方向。

本书是一本对沉浸式虚拟地球相关技术进行系统性介绍的专著。本书首先对虚拟地球的发展历史进行了回顾，指出虚拟地球从传统桌面端向虚拟现实端发展是必然趋势；然后对现有虚拟地球的基本理论与方法进行介绍，为后续关键技术的提出进行铺垫；最后从虚拟现实交互、虚拟现实绘制、虚拟现实眩晕三个角度出发，对沉浸式虚拟地球的关键技术分别进行介绍。

全书逻辑清晰、结构合理、可读性高，对于三维地理信息系统相关从业人员具有较高的参考价值。通过阅读这本书，读者不仅能够了解到虚拟地球最新技术进展，同时也可以对虚拟地球发展脉络进行梳理。

前　言

自1998年美国副总统戈尔提出“数字地球”概念后，如何对整个地球进行数字化表达，构建全球一体化的虚拟地球场景，成为三维地理信息系统研究的热点问题。与此同时，沉浸式虚拟现实(VR)技术由于能够全方位模拟用户感知功能，在三维空间数据表达与交互上具有无可比拟的优势，是三维地理信息系统未来发展的重要趋势。因此，对虚拟现实技术与数字地球技术的集成进行研究，构建沉浸式三维虚拟地球，使任何人在任何时候都能身临其境浏览全球任意位置的三维空间数据，具有重大理论意义与应用价值。

本书从沉浸式虚拟地球的发展历史、关键技术、原型系统三方面展开论述，对沉浸式虚拟地球进行系统介绍。具体内容与章节安排如下：

第1章为绪论，重点探讨了三维地理信息系统向虚拟现实、虚拟地球向虚拟现实的两个发展趋势及沉浸式虚拟地球的形成背景与意义。第2章对现有虚拟地球相关理论与方法进行了介绍，以便后续引入沉浸式虚拟地球相关方法。第3章提出了一种面向沉浸式虚拟地球的场景交互方法，用于解决虚拟现实用户与全球室内外多尺度三维场景的漫游交互问题。第4章提出一种面向沉浸式虚拟地球的双目并行绘制方法，用于解决双目绘制机制下沉浸式虚拟地球绘制效率较低的问题。第5章提出一种面向沉浸式虚拟地球的限时可视化方法，用于解决因帧率不稳定导致的虚拟现实眩晕问题。第6章则对沉浸式虚拟地球原型系统的设计与实现进行论述，主要包括数据加载与场景建模、双目绘制与立体显示、场景漫游与人机交互三大模块。第7章对本书研究内容进行了总结，并对沉浸式虚拟地球未来的研究方向进行了展望。

本书的相关研究得到了国家重点研发计划项目(2017YFB0503703)及广东省科学院战略性先导科技专项(2019GDASYL-0301001)的支持，本书的编写得到了广州地理研究所、武汉大学、中国科学院地理科学与资源研究所有关前辈与同行的指导，特别感谢龚健雅院士和周成虎院士能够在百忙之中抽出时间为本书的编写提出建议。本书的出版得到了自然资源部测绘地理信息科技出版资金的资助，在此一并表示感谢。

限于笔者水平和写作时间，书中内容未免挂一漏万，错误纰漏在所难免，切望广大读者批评指正。

目　录

CONTENTS

第1章 绪 论

1.1 研究背景与意义

作为三维地理信息系统(three dimensional geographic information system,3D-GIS)的一个新的发展方向,沉浸式虚拟地球(immersive virtual reality globe)实现了虚拟现实(virtual reality,VR)技术与虚拟地球(virtual globe)技术两者的结合,涵盖了包括地理信息系统、计算机图形学、计算机视觉、人机交互、位置跟踪、网络传输等多个相关学科的理论和技术。本书主要以三维地理信息系统向虚拟现实发展和虚拟地球向虚拟现实发展的两个趋势为背景探讨沉浸式虚拟地球的形成、发展与意义。

1.1.1 三维地理信息系统向虚拟现实发展趋势

三维地理信息系统是以具有三维结构的空间数据为处理对象的地理信息系统(吴立新 等,2006;Abdul-Rahman et al.,2008;朱庆,2014)。由于真实空间本质上是一种三维空间,而传统的二维地理信息系统(two dimensional geographic information system,2D-GIS)在对空间数据进行建模与表达时,往往需要对数据进行抽象或降维处理,这种处理方式无疑会导致空间信息的丢失。三维地理信息系统的出现能很好地解决这一问题,通过三维建模技术,空间数据的三维结构可以得到完整保留,不会因为丢失信息而影响用户对数据的理解(龚建华 等,2010;Bremer et al.,2016; 朱庆 等,2017;应申 等,2018;宋关福 等,2019)。尤其是随着三维空间数据采集与存储技术的不断成熟,具有三维结构的空间数据变得越来越多,不久的将来,三维地理信息系统必定会取代二维地理信息系统,成为地理信息系统的主流。

如图 1.1(a)所示,在二维地理信息系统中,地形数据的高度信息只能通过分层设色或者等高线的方式进行间接表达;在三维地理信息系统中,地形数据的高度信息得到完整保留,方便用户对空间数据进行理解,如图 1.1(b)所示。

尽管三维地理信息系统能够保证空间数据的完整性,由于现有的计算机系统大部分还是基于二维电脑显示屏显示计算机信息,三维空间数据仍是以二维的形式展示,用户只能通过不断操作鼠标或键盘进行视角切换,实现对空间数据的多角度观察。当空间数据量较大或分布复杂时,场景切换方式(交互方式)的连续性与便捷性也会影响用户对空间数据的理解。这些因素都导致三维地理信息系统无法充分发挥其在空间数据表达上的优势(李朝新 等,2016; 赵康,2017;Hruby et al.,2019;Kubíček et al.,2019)。而虚拟现实的出现,使以上问题得到有效解决。

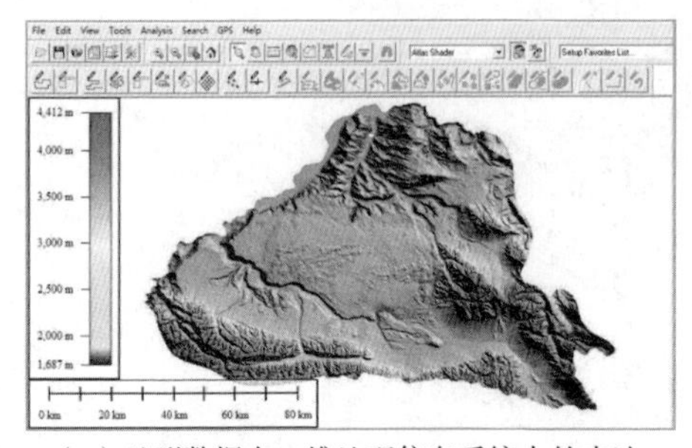

（a）地形数据在二维地理信息系统中的表达

（b）地形数据在三维地理信息系统中的表达

图 1.1　地形数据在地理信息系统中的表达

虚拟现实一般特指沉浸式虚拟现实，作为计算机图形技术、立体显示技术、人机交互技术、位置跟踪技术等多种技术的集合，通过头盔式显示器、手部控制器等交互设备对包括视觉、听觉、触觉在内的多种人体感知功能进行模拟，使用户完全沉浸于虚拟世界之中，以自然行为与虚拟世界中的物体进行互动（鲍虎军，2003；赵沁平 等，2016b）。

虚拟现实技术最大的特点在于能够让用户以第一人称视角观察三维场景，即用户不再是被动地接收屏幕传递过来的信息，而是以一种更加主动的方式去探索与剖析数据中隐藏的深层含义。通过将虚拟现实技术应用于三维地理信息系统，使用户不仅能自由地对图形化的空间数据进行多角度观察，还能以自然行为操作和探索空间数据，例如对空间数据进行任意角度切割、拾取等。这种交互方式突破了传统基于鼠标—键盘交互机制的局限性，充分调动用户的主动学习能力，启发创造性思维，因而能够进一步加深用户对空间数据的理解（Lv　et al.，2017；Chen　et al.，2018；申申 等，2018；Havenith　et al.，2019）。

如图 1.2 所示，虚拟现实的应用使用户可以完全融入虚拟场景之中，对三维空间数据进行多角度、全方位的观察。

（a）电脑显示屏的局限性

（b）虚拟现实头盔显示器在空间数据表达上的优势

图 1.2　三维空间数据的表达

综上所述，虚拟现实技术的应用，使得三维地理信息系统在空间数据表达上的优势得到充分发挥，为之后的三维空间数据分析提供了有力支持，是三维地理信息系统未来发展的一个重要方向。

1.1.2 虚拟地球向虚拟现实发展趋势

虚拟地球是通过模拟真实地球的方式实现全球空间数据管理与可视化的新一代三维地理信息系统(Bailey et al.,2011；龚健雅,2011；王鹏,2015),其概念起源于1998年美国副总统戈尔提出的“数字地球”(Gore,1998)。按照戈尔的想法,希望通过对真实地球及其相关现象进行统一的数字化重现和认识,处理整个地球的自然、社会等方面问题,并以它为工具支持和改善人类的活动和生活质量(李德仁等,2010;Goodchild et al.,2012;Ehlers et al.,2014)。从目前各种“数字地球”原型系统来看,只有虚拟地球最符合戈尔当初对“数字地球”的设想(张立强,2004；Aurambout et al.,2008；龚健雅,2011)。

与传统三维地理信息系统相比,虚拟地球具有全球性、平台性、集成性三大特点。传统三维地理信息系统往往只能处理固定范围、单一尺度的空间数据,当需要对空间范围、数据尺度进行调整时,只能重新进行数据加载与场景建模,导致用户很难从全局的角度对空间数据进行理解与分析。除此之外,传统三维地理信息系统往往只支持固定几种类型空间数据的导入,导致用户很难对不同空间数据间的关联性进行分析。虚拟地球的出现有效解决了以上问题,采用全球离散格网模型(童晓冲,2011；赵学胜 等,2016)对全球空间数据进行统一组织和管理,将全球多源异构的空间数据切割成不同分辨率的离散瓦片(tile),上级瓦片与下级瓦片之间再按照四叉树或者八叉树等层次结构进行关联,最终形成一个具有多分辨率金字塔结构的空间数据整体(陈静 等,2011),最后再结合离核绘制模型(out of core,一种基于视点位置的三维场景的动态加载与绘制方法),实现包括影像、地形、大气、海洋、城市等在内的多源多尺度空间数据的统一管理及可视化(胡自和 等,2015；黄吴蒙 等,2016;Wu et al.,2018；Zhang et al.,2019)。

如图1.3所示,虚拟地球由于具备全球性、平台性、集成性等特点,使其在城市、气象、海洋等各个领域都能得到广泛应用。

尽管虚拟地球实现了真实地球1∶1的建模,但同样由于二维电脑显示屏的局限性,极大地限制了用户与场景的交互能力,无法设计复杂的交互策略来满足不同空间数据的应用需要(Çöltekin et al.,2019)。现有虚拟地球往往被看作是一种面向大众的三维地球仿真系统,而不是一种功能完整且面向专业地理信息系统用户的三维地理信息系统。

虚拟现实技术的应用可以有效解决以上问题。面向虚拟现实的虚拟地球,又称沉浸式虚拟地球,将虚拟现实技术与虚拟地球技术进行结合,不仅能够充分发挥

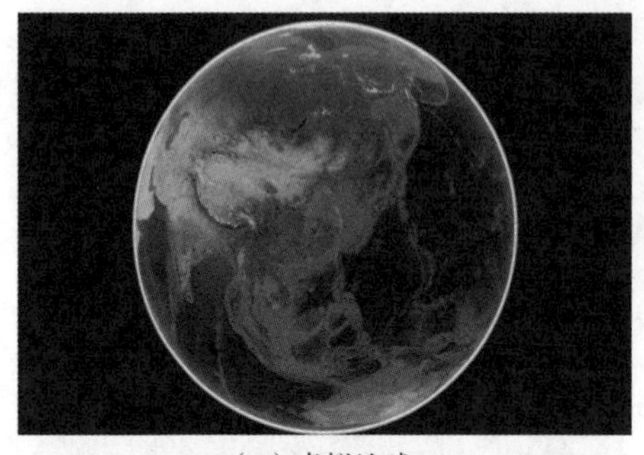

（a）虚拟地球

（b）虚拟地球用于城市建筑显示

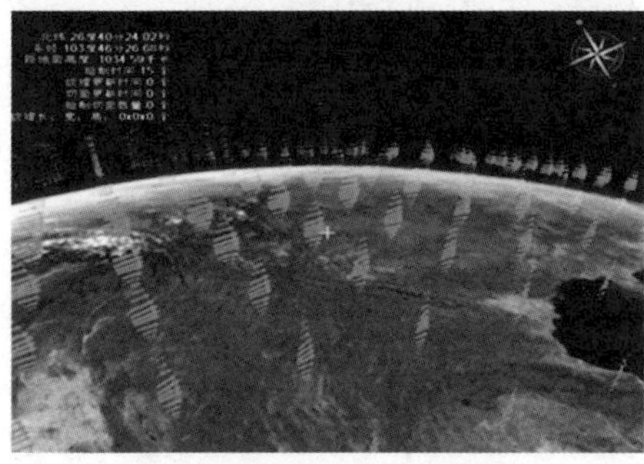

（c）虚拟地球用于气象监测

（d）虚拟地球用于海洋数据显示

图 1.3　虚拟地球及其应用

两者在空间数据表达上的优势，使用户以第一人称视角身临其境浏览地球上任意角落的虚拟场景（Yang et al.，2018），同时还可以利用虚拟现实特有的三维人机交互技术，设计出更加复杂的交互策略以满足不同空间数据的应用需要，为探索空间数据、加深对空间数据的理解提供有力支持，真正做到多源多尺度空间数据的交互式可视化。

如图 1.4 所示，通过将虚拟现实技术与虚拟地球技术进行结合，使得用户可以与全球任意位置、任意尺度的三维场景进行互动。

（a）场景一

（b）场景二

图 1.4　沉浸式虚拟地球概念图

综上所述，虚拟现实技术的应用，使得虚拟地球在全球多源多尺度空间数据表达上的优势得到进一步发挥，同时也为虚拟地球向更加专业化的三维地理信息系统转换提供了有力支持。

1.2　相关研究现状

1.2.1　虚拟现实地理信息系统研究现状

如前所述，虚拟现实地理信息系统（virtual reality geographic information system，VR-GIS）是三维地理信息系统的重要研究方向，其最早的研究可追溯到20世纪90年代Verbree等（1999）在地理信息科学顶级期刊《国际地理信息科学学报》（《International Journal of Geographical Information Science》）上发表的一篇关于虚拟现实与三维地理信息系统结合的文章。文章阐述了虚拟现实在三维空间数据人机交互与可视化上的优势，指出通过虚拟现实能够有效扩展三维地理信息系统视角，方便用户对三维空间数据进行理解。然而，尽管该文章在业界受到了广泛关注，由于当时的虚拟现实设备存在售价昂贵、体型巨大等问题，使得相关研究成果很难得到普及与应用，限制了虚拟现实地理信息系统的进一步发展。

近年来随着计算机硬件技术的快速提升，以2014年脸谱网（Facebook）以20亿美元收购虚拟现实设备公司Oculus为标志，虚拟现实正式进入了消费级阶段，随之而来的产业化浪潮使得虚拟现实再次进入公众视野（赵沁平 等，2016a）。伴随这次产业化浪潮，虚拟现实地理信息系统也逐渐受到研究人员的关注，成为目前三维地理信息系统领域最为热门的研究方向之一。

如图1.5所示，与早期虚拟现实设备相比，现代消费级虚拟现实设备不仅价格低廉，体型也更加轻便。

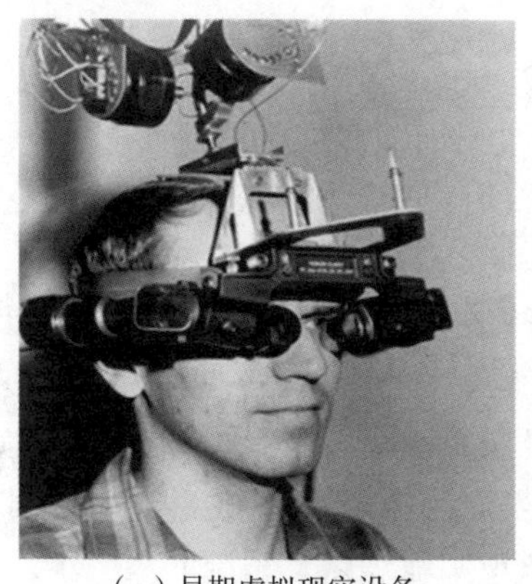

（a）早期虚拟现实设备

（b）现代消费级虚拟现实设备

图1.5　不同时期的虚拟现实设备

从目前研究来看，虚拟现实与三维地理信息系统结合最为成功的领域，主要是在地理信息可视化方面。基于现有地理信息可视化相关理论（龚建华 等，1999；周志光 等，2018），实现多源空间数据的三维建模与图形化表达，用户再通过虚拟现实系统，以第一人称视角浏览这些空间数据，并通过自然行为与空间数据进行交互（；李朝新 等，2016；高健健，2018；Havenith et al.，2019）。如 Kellogg 等（2008）通过虚拟现实系统进入地质体数据内部观察发震断层，利用手柄对地质体数据进行任意方向的切片；Helbig 等（2014）将不同类型的气象数据同时导入虚拟现实系统中，以第一人称视角观察并分析气象因素之间的相关性。在国内，虚拟现实技术在虚拟旅游和情景仿真方面得到广泛应用，例如武汉大学李德仁院士团队将虚拟现实技术与数字敦煌、数字云冈、数字志莲净苑进行结合，使用户足不出户就能浏览各地的风景名胜（见图 1.6）；中国科学院龚建华研究员团队开发的火灾逃生虚拟仿真系统能够帮助用户快速掌握建筑内的逃生设施及路线，同时体验各种突发安全状况，提高对火灾事故的应急能力。

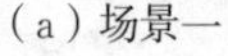
（a）场景一

（b）场景二

图 1.6　基于虚拟现实技术的虚拟旅游

然而以上虚拟现实地理信息系统研究主要面向特定的应用场景，所处理的空间数据在尺度、范围、类型上往往固定，实现的原型系统缺乏可扩展性，无法满足不同地理信息系统用户的需要。除此之外，现有研究只是将虚拟现实作为一种辅助浏览工具，不涉及如交互模型设计、绘制效率优化等底层虚拟现实技术，大部分都是直接通过 Unity 3D 或 Unreal 等现有的游戏编辑器实现三维场景与虚拟现实设备的关联，开发人员只需要关注如何对三维场景建模，而不需要对虚拟现实底层进行了解。虽然这种方式能够满足基本的开发应用需要，但在这种开发机制下，虚拟现实只能算是一种辅助性工具，限制了虚拟现实地理信息系统的进一步发展。

1.2.2 虚拟地球研究现状

通过航空航天遥感技术，大量获取全球高分辨率遥感影像，建立覆盖全球的虚拟场景，并采用全球分布的海量服务器系统和高效的空间数据传输与三维实时可视化技术，使任何人任何时候在任意位置都可以快速浏览和查询全球任何地方的空间信息，已经成为当代地理信息技术的重要标志（龚健雅，2011），以谷歌地球（Google Earth）为代表的虚拟地球正是在这一时代背景下应运而生。

1. 国外虚拟地球现状

最早的虚拟地球可以追溯到 2001 年 Keyhole 公司开发的 Keyhole EarthSystem，该软件能够管理 TB 级的海量遥感数据，允许用户通过网络环境浏览多分辨率影像与地形数据。2004 年 10 月谷歌公司收购了 Keyhole 公司，并于 2005 年 6 月推出了谷歌地球系列软件。为了适应大众化的需要，谷歌地球在原有三维地形可视化基础上，提供了大量人机交互功能，如地面标注、照片及自定义模型上传等。结合谷歌公司自主研发的云计算平台为谷歌地球中海量空间数据及多用户并发响应提供支持，使得谷歌地球成为目前各种虚拟地球中最具代表性的产品（龚健雅，2011；Yu et al.，2012；Gorelick et al.，2017；Liang et al.，2018）。但谷歌地球的定位主要还是面向大众应用，针对地理信息系统等专业应用的功能并不多，且二次开发能力有限，无法满足广大地理信息系统用户需要。

在 Keyhole 被谷歌收购后，其部分成员脱离 Keyhole 公司，创办了 Skyline 公司，并发布了 SkylineGlobe 系列软件。与谷歌地球相比，SkylineGlobe 主要面向专业应用，其最大优势在于提供了强大的二次开发能力，其软件主要包括 TerraBuilder、TerraExplorer 和 SkylineGlobe Server 三大产品系列，分别对应三维场景生产、三维场景可视化、三维场景网络发布功能，简便有序地实现了从三维场景创建到发布的整套解决方案（Deiana，2009；李佼，2009）。SkylineGlobe 产品架构如图 1.7 所示。

除了以上虚拟地球软件外，国外其他比较有名的虚拟地球软件还有微软公司开发的 Virtual Earth 和老牌地理信息系统软件公司易智瑞（Esri）开发的 ArcGlobe。其中，Virtual Earth 对标谷歌地球，主要面向大众应用；ArcGlobe 对标 SkylineGlobe，主要面向专业应用。

2. 国内虚拟地球现状

在国内，虚拟地球研究虽然起步较晚，但由于政府及国家级有关科研项目（国家高技术研究发展计划、国家重点基础研究发展计划、国家重点研发计划）的大力支持，使得目前研究基本接近甚至与国外相持平，如武汉大学测绘遥感信息工程国家重点实验室与武大吉奥信息技术有限公司联合研发的开放式虚拟地球集成共享平台 GeoGlobe（龚健雅 等，2010）。与其他虚拟地球软件相比，GeoGlobe 不仅是一个空间数据的可视化与浏览平台,同时也是一个地理信息处理服务的共享平台。该平台针对地理信息处理服务的需求,设计了基于有向图和块结构的空间信息服务链元模型,使得地理信息领域的概念、数据、分析及相互关系都可以得到形式化的描述,实现了三维空间数据与空间信息处理服务的无缝集成应用,拓宽了地理信息应用服务能力。

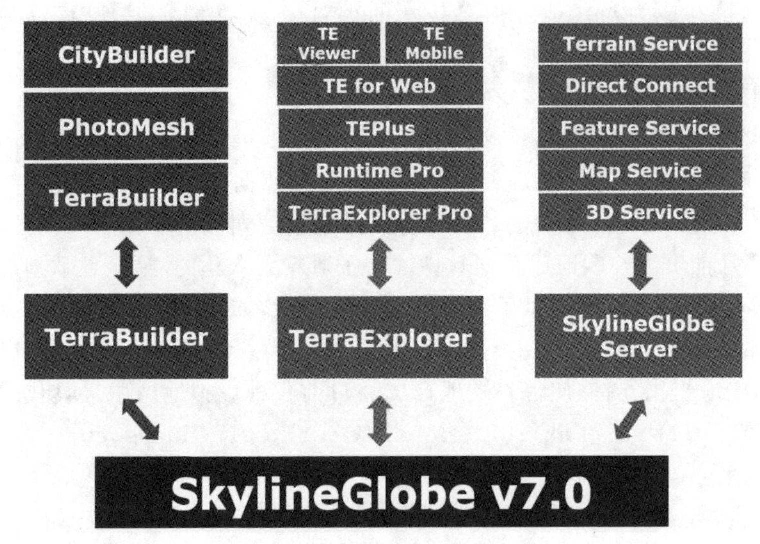

图 1.7 SkylineGlobe 产品架构

除了 GeoGlobe 外,国内比较知名的虚拟地球软件还有原中国科学院遥感应用研究所与北京国遥新天地信息技术公司开发的全平台三维空间信息软件 EV-Globe 及北京超图软件股份有限公司开发的 Realspace GIS(真空间 GIS)技术体系等,这些系统平台都为虚拟地球软件完全国产化提供了有力支持。

3. 开源虚拟地球现状

前述的虚拟地球软件都属于商业软件,其核心技术并没有公开,且售价昂贵,对于高校和中小型地理信息系统公司来说,大部分还是倾向于采用开源虚拟地球进行学术研究或项目开发。目前常用的开源虚拟地球主要有 WorldWind 和 osgEarth 两种。

WorldWind 是由美国国家航空航天局(National Aeronautics and Space Administration,NASA)发布的一款开源虚拟地球(Pirotti et al.,2017),通过一个三维地球模型展现来自 NASA、USGS(美国地质勘探局)的遥感影像。作为最早的开源虚拟地球,WorldWind 依托其开放架构,短时间内积累了大量国内外用户。该系统主要基于 Java 开发,在效率上要远低于其他基于 C++ 开发的虚拟地球。除此之外,WorldWind 核心功能多年未进行太大更新,主要以影像、地形、矢量的可视化为主。考虑到目前虚拟地球最大的应用领域为数字城市建设,能否支持高精细三维城市场景的可视化成为虚拟地球产业应用的关键，而 WorldWind 现有架构较为简单，进行这方面扩展较为困难，限制了其进一步发展。

osgEarth 是一款基于 OpenSceneGraph 实现的开源虚拟地球，由 PelicanMapping 公司开发并维护。OpenSceneGraph 是一款基于开放式图形库(open graphics library，OpenGL)的通用图形渲染引擎，对 OpenGL 的应用程序接口(API)进行了完全封装，提供了包括图形渲染、场景组织、人机交互、资源管理在内的基本渲染引擎功能(韩哲 等，2017)。osgEarth 在 OpenSceneGraph 基础上针对虚拟地球应用进行了进一步封装，结合地理空间数据抽象库(geospatial data abstraction library，GDAL)实现空间数据的读取与解析，结合 Proj4 地图投影库实现空间坐标的转换，结合几何引擎开源(geometry engine open source，GEOS)库实现矢量数据的建模与分析。由于 OpenSceneGraph 本身就是一种通用图形渲染引擎，具有较高的扩展性，能支持各种模型数据的加载与读取，使得在其基础上实现的 osgEarth 也具有较高的可扩展性，能够方便地实现三维城市场景可视化等高级功能。目前 osgEarth 已被开源空间信息基金会(Open Source Geospatial Foundation，OSGeo)列入标准三维地理信息系统开源软件库，应用前景广阔。

综上所述，作为“数字地球”的重要载体，虚拟地球依托其在全球多源多尺度空间数据无缝组织、管理和可视化方面的优势，成为了目前最为重要的三维地理信息系统平台之一，在理论研究与产业应用上都具有极高的意义与价值(Li et al.，2015；Liang et al.，2018)。近年来，随着 Web 图形库(web graphics library，WebGL)技术和移动互联网技术的发展，虚拟地球开始从传统桌面端向网页端与移动端扩展(Pirotti et al.，2017)，尤其是网页端上，由 AGI 公司开发的基于 JavaScript 的网页端开源虚拟地球 Cesium 成为了目前虚拟地球的新主流(高云成，2014)。Cesium 依托自定义的 gltf 和 3DTile 格式组织全球空间数据，能够方便地实现包括倾斜影像、点云、城市模型、建筑信息模型(building information model，BIM)在内的新型空间数据可视化，再结合网页端无须进行软件安装的优势，使得虚拟地球产业化发展得到进一步提高。

1.2.3 沉浸式虚拟地球研究现状

如前所述，虚拟地球的概念起源于戈尔提出的“数字地球”，按照戈尔最早对“数字地球”的设想——一个小孩面对整个地球，然后通过双手去操作地球，并以上帝视角观察地球上的任意场景(Hruby et al.，2019)。随着虚拟地球技术的发展，对真实地球进行 1∶1 建模逐渐成为可能，但是如何与建立好的地球模型进行自然行为交互，同时用户能够完全置身于地球场景之中，实现全球多源多尺度空间数据沉浸式浏览，即自然行为交互与沉浸式可视化，却一直没有很好的解决方案。

为了满足“数字地球”自然行为交互这一特性，早期的虚拟地球研究人员考虑过将三维人机交互技术应用于虚拟地球场景，例如 Kamel Boulos 等(2011)基于Kinect 识别用户的手势，通过手势操作谷歌地球；Çöltekin 等(2016)则将眼动仪和踩踏板用于谷歌地球人机交互，通过凝视实现场景缩放，踩踏实现场景移动。然而以上研究只是对交互手段进行了扩充，方便用户设计复杂的交互策略满足不同空间数据应用的需要。实际应用时，这些交互方式较基于鼠标—键盘交互方式更加烦琐，如基于手势进行场景交互时，可能会因为手势识别不正确产生错误的漫游交互现象。同时，这些方法仍然是以二维电脑显示屏展示虚拟地球场景，用户无法得到置身其中的沉浸式体验，与“数字地球”最初设想存在差距。

图 1.8 为几种常见的三维人机交互设备，(a)为用于手势识别的 Kinect 三维体感摄影机，(b)为用于眼部追踪的 Tobii 眼动仪，(c)为用于接收踩踏行为的 Wii 平衡板。

（a）用于手势识别的Kinect 三维体感摄影机

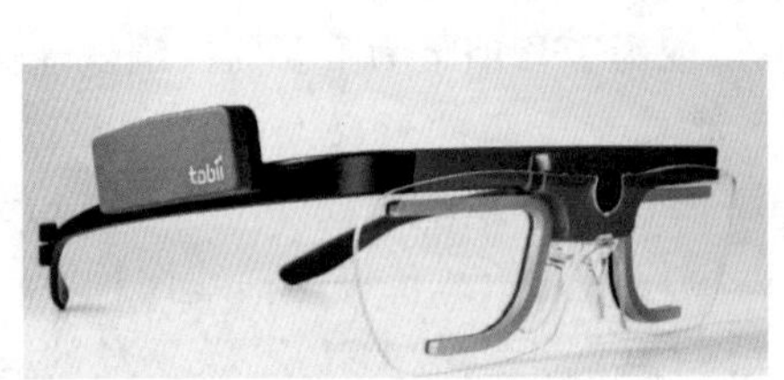

（b）用于眼部追踪的Tobii眼动仪

（c）用于接收踩踏行为的Wii平衡板

图 1.8　常见的三维人机交互设备

为了满足“数字地球”沉浸式可视化这一特性，不少专家学者将用于三维电影的立体显示技术与虚拟地球技术进行了结合(Boulos et al.,2009; Torres et al.,2013)。早期硬件条件有限，一般通过将三维场景的帧图像转换为立体照片(anaglyph)的方式实现三维场景的立体显示，例如在 ArcGIS 8.3 版本时，易智瑞公司通过将 ArcScene 关联第三方立体像对生成软件 StereoPhoto Maker 实现三维场景到立体照片的转换；谷歌公司则开发了一款免费的立体显示插件 Stereo GE Browser，使用户能够实时浏览谷歌地球三维场景的立体照片；NASA 的 WorldWind 和微软公司的 Virtual Earth 也有立体显示插件供用户使用。随着立体显示技术的发展，四缓存(quadbuffer)逐渐取代立体照片成为立体显示技术的主流(Torres et al.,2013)，不过四缓存需要专门的图形卡和投影仪支持，价格十分昂贵，但立体显示效果要远好于基于红蓝滤色成像技术的立体照片技术，例如武汉大学的研究团队曾对开源虚拟地球软件 osgEarth 进行改造，通过调用 NVIDIA

Quadro 显卡的 quadbuffer OpenGL 指令，实现虚拟地球立体显示。这些立体显示技术又称立体投影技术，即通过佩戴立体眼镜观察投影屏幕来感受场景的三维效果(类似于观看三维电影)。这种方式虽然也能产生较好的视觉体验，具有一定的沉浸感，但用户仍然只能被动接受屏幕传递过来的信息，无法随意浏览场景，并不是真正意义上的“置身其中”(见图 1.9)。

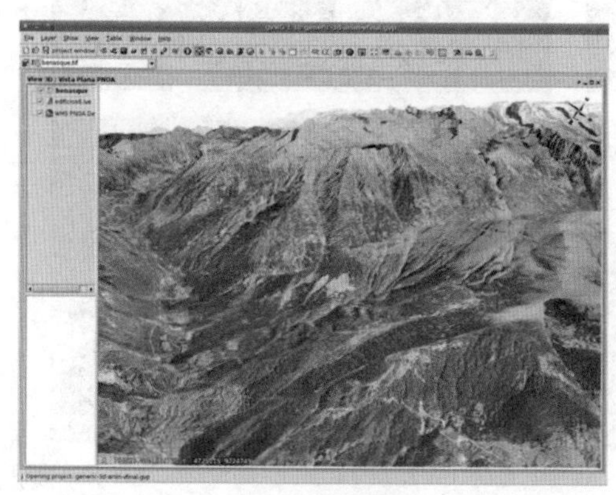

(a) 立体照片

(b) 红蓝眼镜

图 1.9　基于红蓝滤色成像技术得到的全球地形场景的立体照片及观察所需红蓝眼镜

综上所述，早期研究都没有完美解决“数字地球”的自然行为交互和沉浸式可视化两方面的要求。随着 2014 年虚拟现实技术重新进入人们视野，再加上虚拟地球技术近 20 年的快速发展，将虚拟现实技术与虚拟地球技术结合以满足“数字地球”需求逐渐成为当前的研究热点。自 2015 年 HTC 公司正式发布了消费级虚拟现实平台 HTC VIVE 后，2016 年 6 月谷歌公司就在国际计算机图形和交互技术会议(SIGGRAPH 大会)上宣布第一款基于 HTC VIVE 的沉浸式虚拟地球软件 Google Earth VR 研发成功(见图 1.10)，并在 Steam 平台上免费供用户下载体验(Käser　et al.,2016)。2017 年 8 月，同样在 SIGGRAPH 大会上，谷歌公司作主题报告，对 Google Earth VR 的一些关键技术进行了介绍(Käser　et al.,2017)，主要包括以下三部分内容。

1. 虚拟现实交互

为了实现全球多尺度三维场景的虚拟现实漫游与交互，Google Earth VR 采用一种称为缩放飞行(scaled flying)的虚拟现实漫游方法，使用户能够在视点飞行过程中自动对观察尺度(又称缩放比例，即用户在虚拟空间与真实空间的大小比例，该值越大则用户观察范围越广)进行调整，方便用户在不同尺度的三维场景间进行自由切换。出于商业考虑，谷歌公司并没有公开其技术实现细节，同时其方法没有过多考虑视点与场景的碰撞问题，使用户无法在室内等具有大量不规则障碍物的复杂三维场景中进行虚拟现实漫游与交互。

图 1.10 Google Earth VR

2. 虚拟现实绘制

虚拟现实特殊的双目绘制机制，使场景在一帧内需要连续绘制两遍，严重影响沉浸式虚拟地球的绘制效率。对此，Google Earth VR 将具有相同绘制状态的绘制目标通过排序手段，打包到一起进行绘制，从而有效减少绘制指令(draw call)调用次数。由于双目连续对同一场景进行观察，必定存在大量绘制状态相同的场景，这种排序优化手段在虚拟现实双目绘制机制下将起到较好的优化效果。不过这种方式没有从根本上解决因双目连续绘制导致的效率较低问题，且场景复杂度较高时，排序优化效果也不够明显。

3. 虚拟现实眩晕

眩晕感一直是影响虚拟现实用户体验的重要因素。造成眩晕的原因很多，最重要的原因在于用户的视觉感知与运动感知存在延迟。为了减少延迟，Google Earth VR 采用了一种称为隧道视觉(tunnel vision)的技术。该技术让用户视角在移动过程会自动进行收缩，舍弃边缘场景图像，从而降低视觉敏感度，进而达到减缓虚拟现实眩晕的目的(见图 1.11)。

综上所述，虚拟现实技术与虚拟地球技术相结合的沉浸式虚拟地球，最符合戈尔所设想的"数字地球"概念(Çöltekin et al.,2019)。在沉浸式虚拟地球技术体系中，虚拟现实交互、虚拟现实绘制、虚拟现实眩晕是其中最为关键的三大技术，现有沉浸式虚拟地球如 Google Earth VR 在这三个关键技术上仍存在不少问题有待进一步解决，这些都将是本书研究的重点内容。

图 1.11　隧道视觉示意

1.3　研究内容

1.3.1　问题提出

要实现虚拟现实技术与虚拟地球技术两者的结合，在可视化方面，至少有三方面问题需要重点解决。

1. 虚拟现实交互

虚拟现实技术本质上是一种新型的人机交互技术，因此实现虚拟现实用户与虚拟地球场景的交互，是虚拟现实技术与虚拟地球技术两者能否结合的前提。考虑到现有虚拟现实系统一般通过位置跟踪技术，将用户在真实空间的行为直接映射到虚拟空间，来实现用户与三维场景的互动。由于现有位置跟踪技术及场地的限制，用户在真实空间中的可移动范围不可能无限延伸(Suma　et al.,2015)，对于虚拟地球这种面向全球地理信息应用的三维地理信息系统来说，如何在有限真实空间内实现全球室内外多尺度三维场景的虚拟现实漫游与交互是本书所要解决的第一个核心问题。

2. 虚拟现实绘制

虚拟现实特殊的双目绘制机制，使场景在一帧内需要连续绘制两遍(黄鹏程等,2018)，而虚拟地球场景，尤其是包含精细模型的三维城市场景，其场景复杂度远高于一般可视化系统，直接进行双目绘制，其绘制效率难以保证，现有方法(Google Earth VR 所采用的绘制状态排序算法)虽然能够在一定程度上提高绘制效率，但没有从根本上解决问题。考虑到双目绘制时，左右相机一般独立运行，如果能够将左右相机的绘制任务分配到不同中央处理器(CPU)核心上处理，实现双目场景的并行绘制将会极大提高沉浸式虚拟地球的绘制效率。因此，如何将并行绘制技术应用于沉浸式虚拟地球，实现面向沉浸式虚拟地球的双目并行绘制，是本书所要解决的第二个核心问题。

3. 虚拟现实眩晕

眩晕感是影响用户虚拟现实体验的重要因素。造成眩晕的原因很多，其中最重要的一点是因为用户的视觉感知与运动行为存在延迟，如用户做出了相应的动作时画面却没有刷新出来。在软件层面上，解决这一问题最有效的方式在于对场景绘制帧率进行控制，保证帧率能够在 90 f/s（帧/秒）以上（Käser et al.，2017），即要求三维场景在限定时间内完成所有绘制工作。考虑到虚拟地球场景的复杂性与用户浏览的随意性，无法通过预先优化场景的方式来稳定帧率。对此，如何在沉浸式虚拟地球绘制过程中对帧率进行实时稳定，减缓因视觉感知跟不上运动感知所造成的眩晕，是本书有待解决的第三个问题。

1.3.2 研究目标

实现虚拟现实技术与虚拟地球技术两者的结合，可为沉浸式虚拟地球在可视化方面的相关理论技术奠定基础。本书将从三方面出发展开研究：首先，在虚拟现实交互方面，对真实空间到多尺度虚拟地球空间的位置映射关系进行研究，使用户能够在有限真实空间内与全球室内外多尺度三维场景进行互动。其次，在虚拟现实绘制方面，从双目绘制机制出发进行研究，通过将并行绘制技术应用于沉浸式虚拟地球，实现双目绘制机制下全球空间数据的高效渲染。最后，在虚拟现实眩晕方面，从用户的视觉感知与运动感知的延迟问题出发进行研究，通过将限时可视化技术应用于沉浸式虚拟地球，达到稳定帧率、减缓虚拟现实眩晕的目的。

1.3.3 研究内容

针对本书的研究目标，本书将对以下具体内容进行研究。

1. 面向沉浸式虚拟地球的场景交互方法

为了在有限的真实空间内实现整个虚拟地球空间的虚拟现实漫游与交互，本书将研究一种面向沉浸式虚拟地球的场景交互方法，该方法主要包括两部分内容：首先，设计一种真实空间到虚拟地球空间的映射模型，该模型通过建立真实空间与虚拟地球空间的位置映射关系，使用户能够通过自然行为与全球任意位置、尺度的三维场景进行互动；其次，在空间映射模型基础上研究一种虚拟现实视点校正算法，该算法将碰撞检测与响应技术和空间剖分与检索技术进行了结合，通过实时对虚拟现实视点位置进行校正，使用户在室内、近地表等复杂场景也能进行正确的虚拟现实漫游与交互。

2. 面向沉浸式虚拟地球的双目并行绘制方法

为了实现虚拟现实双目绘制机制下全球空间数据的高效渲染，本书将研究一种面向沉浸式虚拟地球的双目并行绘制方法，该方法主要包括两部分内容：首先，设计一种双目并行绘制模型，该模型通过将虚拟现实左右相机的绘制任务分配到不同CPU核心上进行处理，实现双目场景的并行渲染；其次，在并行绘制模型基础上研究一种双目场景分辨率同步算法，该算法通过实时对左右相机观察的场景的分辨率进行同步，从而避免出现因双目场景分辨率不一致导致的双目立体匹配错误问题。

3. 面向沉浸式虚拟地球的限时可视化方法

为了减少视觉感知与运动感知之间的延迟，避免出现虚拟现实眩晕，本书将研究一种面向沉浸式虚拟地球的限时可视化方法，该方法主要包括两部分内容：首先，设计一种绘制时间估算模型，该模型考虑沉浸式虚拟地球数据结构与绘制过程对绘制时间的影响，通过建立统计模型实现沉浸式虚拟地球绘制时间精确估算；其次，提出一种场景动态优化算法，该算法能够根据估算得到的绘制时间，动态地对场景的层次细节(level of detail，LOD)结构进行调整，保证最终场景在限定时间内完成绘制，从而达到稳定绘制帧率、减缓虚拟现实眩晕的目的。

4. 沉浸式虚拟地球原型系统设计与实现

在本书研究的方法和算法基础上，采用C++编程语言，基于OpenGL和OpenVR等技术，对开源虚拟地球osgEarth进行改造，开发一款基于HTC VIVE虚拟现实平台的沉浸式虚拟地球原型系统。该原型系统可实现虚拟现实双目绘制机制下海量的遥感影像、地形、倾斜影像及三维城市模型等数据的高效稳定的可视化表达，支持用户在全球多尺度室内外三维场景进行自然行为交互与沉浸式浏览，为沉浸式虚拟地球产业化应用奠定基础。

第 2 章 虚拟地球理论与方法

作为“数字地球”的重要载体，虚拟地球实现了全球多源多尺度空间数据的统一管理与可视化。这也是虚拟地球与传统三维地理信息系统的最大区别。虚拟地球之所以具备以上优势，主要在于具有以下三大关键技术：用于实现全球多源多尺度空间数据统一组织与管理的全球离散格网模型，用于实现全球场景建模的全球多尺度空间数据模型，用于实现全球场景可视化的全球三维场景绘制方法。这些方法也是后续沉浸式虚拟地球相关技术的理论基础，因此，本章节将对这三方面内容进行论述，以便后续引入沉浸式虚拟地球的相关方法。

2.1 全球离散格网模型

全球离散格网模型起源于早期的制图研究，指按一定的数学法则对地球表面进行划分形成格网(Goodchild，2000； Sahr et al.，2003； 周成虎 等，2009)，这些格网由一系列离散而规则的格网单元组成，每个格网单元对应地球表面的一块区域，格网单元之间互不相交且具有唯一编码。任意空间位置可通过编码确定唯一格网单元，任意格网单元可通过解码确定其所在的空间位置或范围。

采用离散格网方式组织管理空间数据具有以下几个优点：①建立了全球空间数据的唯一框架，突破了传统地图投影、系列比例尺和地图分幅带来的限制；②实现了点、线、面等多源异构空间数据的无缝集成；③实现了空间数据的分级分块管理，为空间数据可视化提供便利。

上述方法主要是对地球表面空间剖分生成格网，又称全球球面空间离散格网。随着空间数据采集技术的快速发展，三维地理信息系统的研究对象逐渐从以往的地球表面空间向包括地上、地下、室内、室外在内的完整的全球立体空间转换，对整个全球立体空间进行剖分的全球球体空间离散格网成为全球离散格网研究的新热点(曹雪峰，2012； 吴立新 等，2012)。

2.1.1 全球球面空间离散格网

全球球面空间离散格网主要是对地球表面空间进行剖分形成格网，并通过将空间数据集成于格网之中，实现多源异构空间数据的统一组织和管理。目前虚拟地球中绝大部分空间数据(如地形、遥感影像、矢量和建筑模型)都依附于地球表面，因此全球球面离散格网在虚拟地球中应用最为广泛。

不同的全球球面离散格网的区别主要在于对地球表面的剖分方式，下面选取三个最具代表性的全球球面离散格网分别进行介绍。

1. 等经纬度全球离散格网

等经纬度全球离散格网是按照等分经纬度对地球表面空间进行剖分所形成的离散格网。整个地球表面空间首先被以中央经线为界分成东、西两块初级格网单元，每块格网单元均以“$L/X/Y$”作为唯一编码进行标识，其中 L 表示剖分级别(初始值为 1)，X 表示行号(初始值为 0)，Y 表示列号(初始值为 0)。

第二级剖分则是在第一级剖分格网单元的基础上，一分为四，形成 8 张第二级格网单元，之后的剖分依此类推，第三级 32 张格网单元，第四级 128 张格网单元。每块格网单元均按照“$L/X/Y$”进行编码。

由于等经纬度全球离散格网的剖分方式最为简单，且能满足绝大部分应用需要，包括 WorldWind、osgEarth、Cesium 在内的主流开源虚拟地球软件均采用该方式对全球空间数据进行组织与管理(黄昊蒙 等，2016)。不过这一剖分方式最大的问题在于随着纬度的增加，格网会逐渐出现变形，进而产生数据冗余等一系列问题(Zhou et al.，2013；Barnes，2019)。如图 2.1 所示，2/0/1 的格网单元在北极地区会因为收敛而导致严重变形。以上问题导致等经纬度离散格网不适用于高纬度地区，如南北极、中国黑龙江等地。

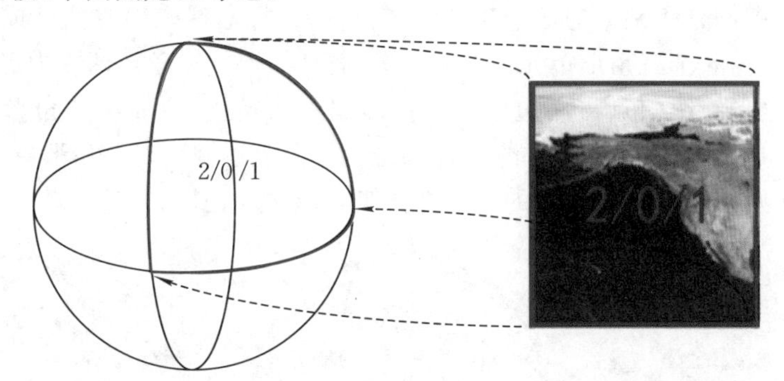

图 2.1　格网单元 2/0/1 映射到球体表面后因两极收敛导致变形

2. 等面积全球离散格网

等面积全球离散格网是按照等分面积对地球表面空间进行初级剖分，然后再在初始剖分得到的格网单元基础上进行迭代细分所形成的离散格网。例如易智瑞公司的 ArcGlobe 所采用的 GeoFusion 格网就是一种等面积全球离散格网(曹雪峰，2012)。如图 2.2 所示，GeoFusion 格网将地球表面划分为 6 个基本面：以南北纬 48.19°为分界，两极地区各一个基本面(T4、T5)，采用三角形单元进行迭代剖分；赤道地区 4 个基本面(T0、T1、T2、T3)，采用矩形单元进行迭代剖分。

通过这种剖分得到的球面格网有效减缓了两极收敛、变形的问题，但由于地球表面被划分为两类基本面分别处理，增加了空间邻接关系的复杂性。

图 2.2　GeoFusion 格网(剖分级别 1)

3. 变经纬度全球离散格网

变经纬度全球离散格网是在不同地区以不同经纬度间隔对地球表面空间进行剖分所形成的离散格网。变经纬度全球离散格网的出现主要是为了改善等分经纬度的剖分方式导致的格网单元粒度不均一问题,尤其是针对两极地区格网收敛的问题,变经纬度格网会随着纬度的上升,不断扩大经度剖分间隔。

例如崔马军等(2007)提出了球面退化四叉树格网,其初始(剖分级别 1)格网的剖分方式与剖分级别 2 的等经纬度格网相一致,将地球表面空间分成 8 个部分(在球面上则为 8 个三角形单元),在第二级剖分时,连接三角形两腰中点形成一条纬线,再将这条纬线中点与底边中点连接形成一条经线,从而将三角形单元分为两个四边形单元和一个三角形单元,随后继续按照上述规则对三角形单元细分,对四边形单元则按照等分经纬度的方式进行四分,具体如图 2.3 所示。

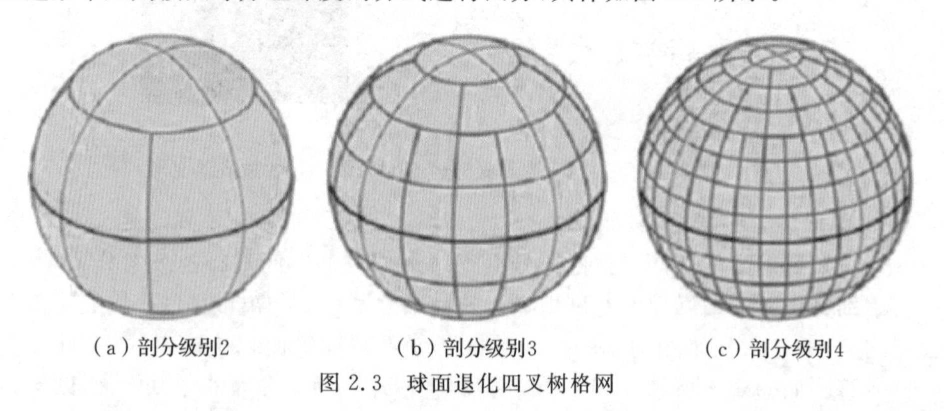

图 2.3　球面退化四叉树格网

球面退化四叉树格网与 GeoFusion 格网类似,都是对高纬度地区采用特殊剖分方式以减缓因两极收敛导致的格网大小不一致问题,在低纬度地区则继续采用等分经纬度的方式来进行剖分。由于采用两种剖分方式,导致存在格网邻接关系复杂的问题。

2.1.2　全球球体空间离散格网

全球球体空间离散格网专门针对全球立体空间设计，通过对全球立体空间进行剖分，形成互不重叠具有立体结构的格网单元，通过将空间数据集成于立体格网单元中，实现全球多源异构空间数据的有效管理。

目前，全球立体空间离散格网还处于研究阶段，相关研究成果并没有在主流虚拟地球中广泛应用，下面主要介绍两种常见的全球球体空间离散格网。

1. 等经纬度高度离散格网

等经纬度高度离散格网是在传统等经纬度离散格网基础上针对高度维进行扩展所形成的球体空间格网。图 2.4(a)为一种较为简单的等经纬度高度离散格网的剖分方法(Huang et al.,2019)。该方法首先以西经 180°南纬 90°为起点，由南向北，由西向东，以经度差 45°和纬度差 45°为间隔将整个球体空间划分成 32 个相同经纬度跨度和高度的立体格网单元。为了保证立体格网单元尽可能规则，每个立体格网单元高度为

$$H=\frac{45^\circ}{180^\circ}\pi R\approx 5\ 000\ \mathrm{km} \tag{2.1}$$

式中，R 为地球半径，约为 6 371 km；π 为圆周率，约为 3.141 592 6。

这些立体格网单元构成了立体格网的第 1 级，每个立体格网单元内部再通过等分经纬度和高度的方式进行迭代剖分，如图 2.4(b)所示。

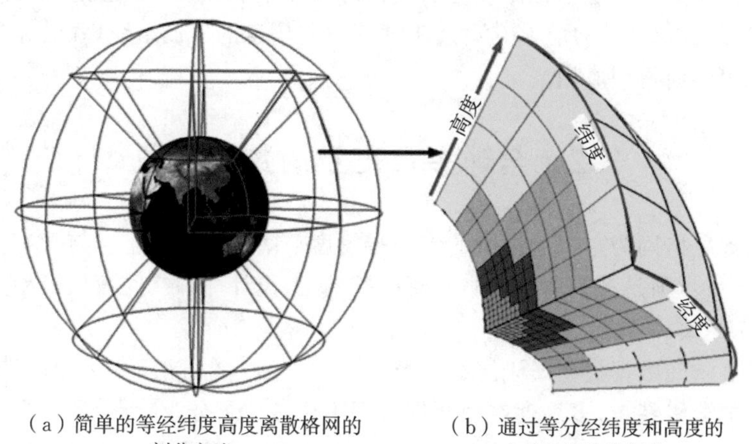

(a) 简单的等经纬度高度离散格网的剖分方法　　(b) 通过等分经纬度和高度的方式进行迭代剖分

图 2.4　等经纬度高度离散格网的剖分

据图 2.4 可知，这种立体格网在高度维的剖分上是从地球表面开始，不涉及地表以下部分，如果要考虑地表以下，在高度维上可以从地心开始进行剖分，但是随着格网越靠近地球内部，格网的变形(边长、面积、体积)会越来越大，除此之外，在

两极地区也存在类似变形问题,这些都限制了等经纬度高度离散格网在虚拟地球中的应用。

2. 变经纬度高度离散格网

与变经纬度全球离散格网类似,变经纬度高度离散格网的出现主要是为了改善等分经纬度、高度的剖分方式导致的格网单元粒度不均一问题,比较有代表性的是吴立新(2009)提出的球体退化八叉树格网。如图 2.5 所示,整个全球立体空间首先一分为八得到初级立体格网单元, 在下一级剖分时,先等分经纬度、高度得到8个子格网单元(八叉树剖分),然后合并 0、1 子格网单元,合并 4、5、6、7 子格网单元,最终形成退化八叉树格网单元(退化八叉树剖分)。

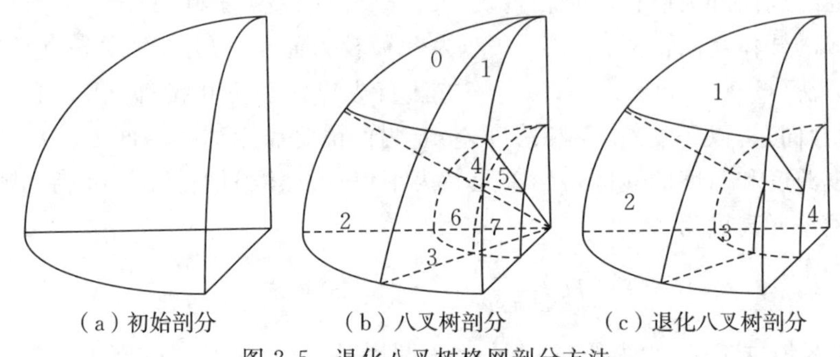

(a) 初始剖分　　(b) 八叉树剖分　　(c) 退化八叉树剖分

图 2.5　退化八叉树格网剖分方法

从格网构建过程看,退化八叉树格网的格网退化合并机制有效缓解了两极和地心处的格网变形问题。相比现有的其他球体空间格网,球体退化八叉树格网单元的形状、粒度、分布更加均匀,更适于地球空间信息的集成组织,并已经在地壳板块可视化等方面得到应用。

2.2　全球多尺度空间数据模型

全球离散格网为虚拟地球中的多源多尺度空间数据有效组织与管理奠定了理论基础,下一步则是在全球离散格网模型基础上,设计一种空间数据模型实现真实地球 1∶1 建模。

多尺度空间数据模型属于层级细节模型的一种,区别在于层级细节模型只考虑了场景的分级特点,多尺度空间数据模型不仅考虑了分级特点,还考虑了场景分块特点,构建的三维场景可以无限延伸。与此同时,通过将分级分块的建模过程与全球离散格网模型保持一致,最终实现真实地球 1∶1 建模(陈静 等,2011)。

全球离散格网可分为全球球面空间离散格网与全球球体空间离散格网,在其基础上设计的多尺度空间数据模型可分为空间四叉树模型和空间八叉树模型两类。

2.2.1　空间四叉树模型

空间四叉树模型是在全球球面空间离散格网基础上实现的一种多尺度空间数据模型,主要面向地球表面空间数据的场景建模(如影像、地形、倾斜影像、矢量、城市建筑等)。针对不同的空间数据类型,可细分为瓦片四叉树模型和索引四叉树模型。

1. 瓦片四叉树模型

瓦片四叉树模型是虚拟地球应用最为广泛的一种空间数据模型,影像、地形、倾斜影像一般都采用该模型进行场景建模(Dong　et al.,2018)。

以地形数据为例,在三维地理信息系统中,地形一般采用规则格网(grid)的形式进行建模,如图 2.6 所示。

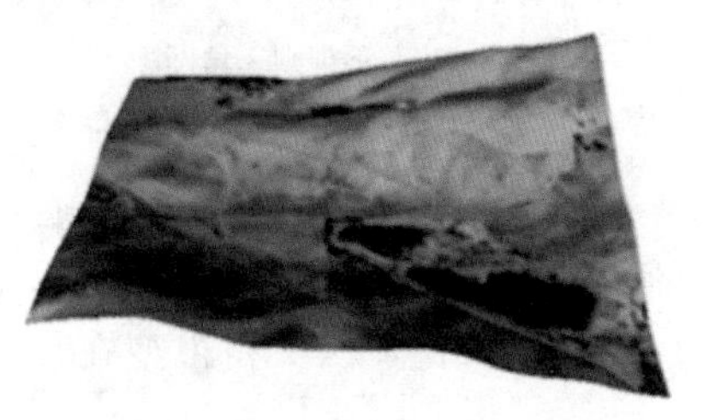

(a) 地形瓦片　　(b) 规则格网

图 2.6　地形场景建模

通过这种方式建立的地形场景类似于一张瓦片,又称地形瓦片。每个地形瓦片都可以与全球离散格网中的一个格网单元相对应,为了实现地形场景的多分辨率表达,上级瓦片和下级瓦片间再按照四叉树结构进行关联,最终形成类似于金字塔结构的多分辨率聚合体(王鸥,2014; 王鹏,2015)。在虚拟地球中,基于瓦片四叉树模型构建的全球地形场景效果如图 2.7 所示。

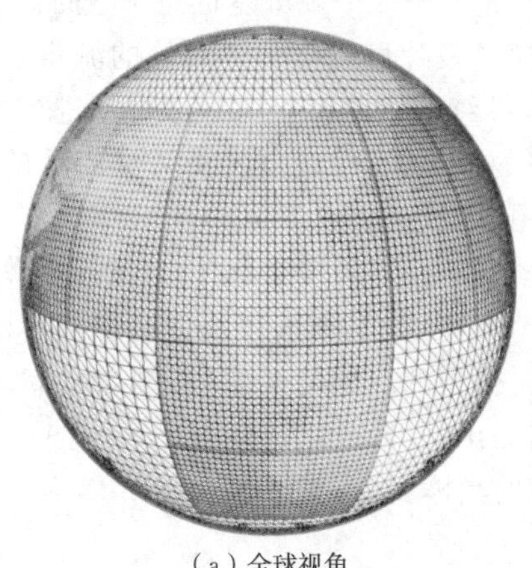

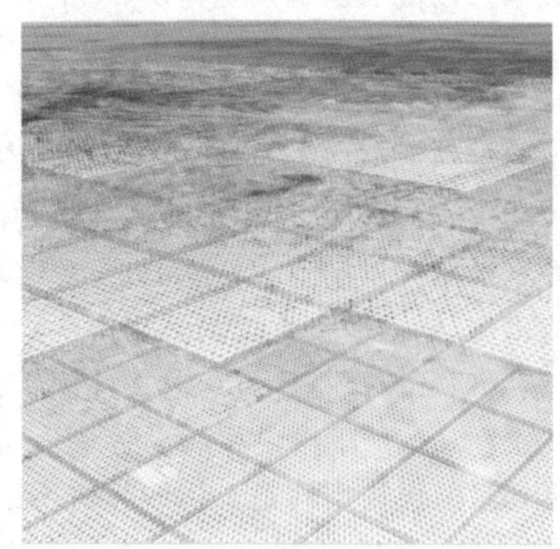

(a) 全球视角　　(b) 局部视角

图 2.7　基于瓦片四叉树模型的地形场景

倾斜影像数据一般采用不规则三角网(triangulated irregular network,TIN)进行建模,如图 2.8 所示,通过这种方式建立的三维场景也可以看作是一张瓦片,同样可以基于瓦片四叉树模型实现全球多分辨表达(Yang et al.,2005; Zheng et al.,2017; 熊汉江 等,2017)。

(a)倾斜影像瓦片

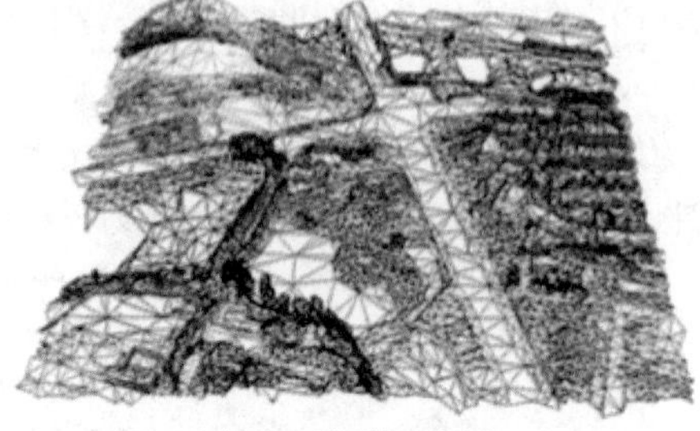

(b)不规则三角网

图 2.8 倾斜影像场景建模

瓦片四叉树模型可以看作是瓦片模型和四叉树模型两者结合,先通过瓦片表达基本数据单元(如地形、倾斜影像),再通过四叉树实现场景的多分辨率表达。由于地形和倾斜影像是虚拟地球最基本的空间数据,瓦片四叉树模型在现有虚拟地球中应用最为广泛。

2. 索引四叉树模型

瓦片四叉树模型要求空间数据必须以瓦片形式进行建模,但对城市建筑、矢量等具有离散特征的空间数据来说,对其原有结构进行重构形成瓦片十分困难。索引四叉树模型的出现为解决以上问题提供了很好的思路。

在索引四叉树模型中,瓦片不再表示实体,而是表示一定范围内的所有空间数据的集合(Huang et al.,2018),即瓦片只包含空间数据的索引信息,不包括具体空间数据。以城市建筑数据为例,每个瓦片相当于多个城市建筑物模型的集合,上下级瓦片之间按照四叉树结构进行关联,通过瓦片可以索引到具体的城市建筑模型,如图 2.9(a)所示。对于单个城市建筑,继续采用原有层次细节模型进行建模,即每个层次细节模型包含多个不同分辨率的模型,每个模型又由数量不等的三角形和纹理构成,最终通过模型实现建筑的图形表达,如图 2.9(b)所示。

在索引四叉树模型中,瓦片只负责实现空间数据的索引,空间数据原有数据结构保持不变,例如城市建筑物采用层次细节模型,矢量则采用点、线、面进行建模。因此,索引四叉树模型比传统的瓦片四叉树模型的应用范围更广,例如 Cesium 提出的三维瓦片(3DTile)模型和易智瑞公司提出的 i3s(indexed 3D scene layers)索引三维场景图层模型均是索引四叉树模型的具体实现。

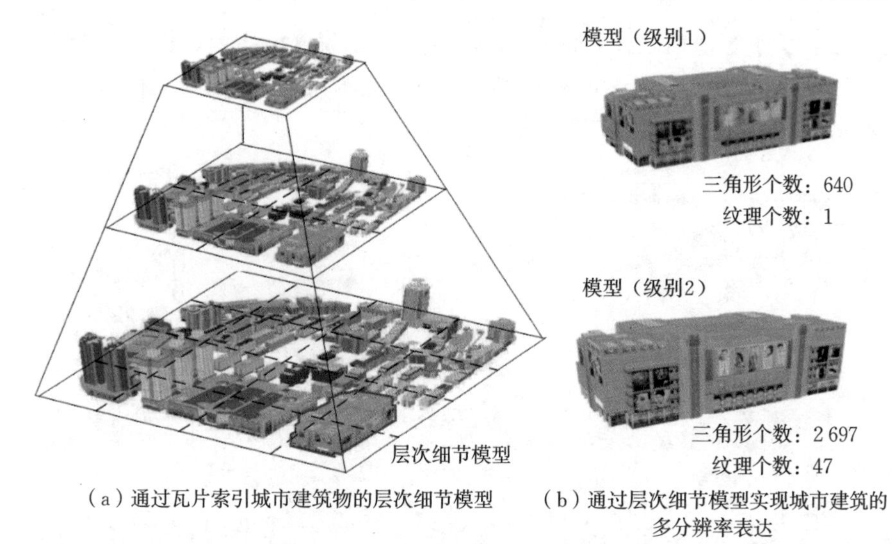

（a）通过瓦片索引城市建筑物的层次细节模型　（b）通过层次细节模型实现城市建筑的多分辨率表达

图 2.9　索引四叉树模型

2.2.2　空间八叉树模型

空间八叉树模型是在全球球体空间离散格网理论基础上实现的一种面向立体空间的多尺度空间数据模型，不仅能够实现地球表面空间数据的场景建模，对于气象、地质等具有立体结构的空间数据也能得到很好应用。

如前所述，空间四叉树模型通过瓦片表示球面离散格网中的格网单元，其中瓦片可以指具体的空间数据实体，也可以指某一空间范围内的空间数据集合，最后通过四叉树结构将不同级别不同区域的瓦片进行关联，形成一个类似金字塔结构的多分辨聚合体。空间八叉树模型则通过体块(block)表示球体离散格网中的格网单元，体块可以表示具体的空间数据实体，也可以表示某一空间范围内的空间数据集合，最后通过八叉树将不同级别不同区域体块进行关联。

当空间八叉树模型中的体块表示某一空间范围内的空间数据集合时，其建模方式与索引四叉树模型区别不大，即体块只负责实现空间数据的索引，空间数据原有数据结构保持不变。空间八叉树模型主要研究难点在于如何基于体块表示空间数据实体。

目前基于体块的场景建模方法主要有基于等值面和基于体系两种。

1. 基于等值面的场景建模方法

基于等值面的场景建模方法的核心思想是从体块数据中抽取出等值面信息，通过对等值面进行构网实现场景建模。目前最常用的等值面抽取算法为移动立方体(marching cubes)算法(Lorensen et al.,1987)，在该算法中，每个体块为一个正方体(正方体的 8 个角点对应 8 个数据值)，当角点的数据值大于或等于等值面值，定义该角点位于等值面之外，否则定义该角点位于等值面之内。由于每个体块有8个角点，因此共存在 $2^8=256$ 种情形，15种为基本情形，其他241种情形可以通过基本情形的旋转、映射等方式实现（见图2.10）。

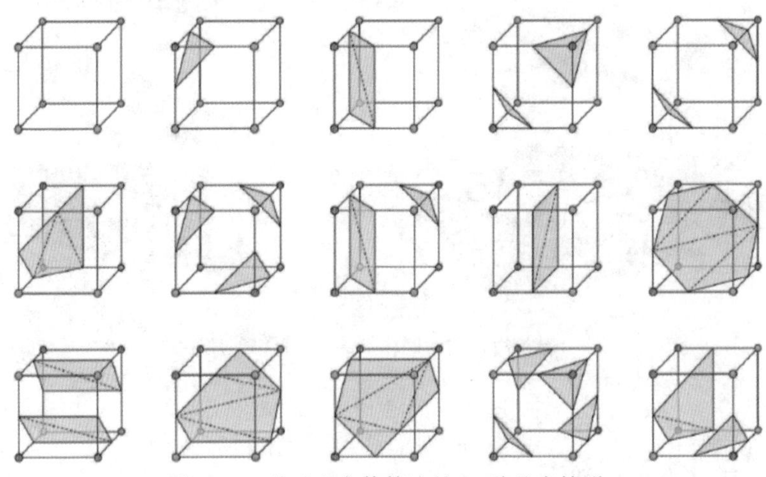

图2.10　移动立方体算法的15种基本情形

通过以上方式实现了体块到三角面的转换，再结合八叉树结构实现多个三角面的拼接，进而达到立体空间数据的三维场景建模目的。如图2.11所示，Wright等(2009)基于该方法在谷歌地球上实现了火山喷发气体的三维场景建模。

图2.11　基于等值面的火山喷发气体场景建模

2. 基于体素的场景建模方法

体素是体积像素(voxel)的简称,类似于二维图像中的像素(pixel)。基于体素的场景建模方法的核心思想是将每个体块转换为具有颜色和透明度的体素,通过将这些体素聚合在一起形成立体场景供用户观察。

现有的计算机图形系统并不支持体素的直接显示,实际应用时需要将三维的体素转换为二维的像素。光线投射算法(ray casting)是目前最常用的体素转像素方法(Roth,1982),如图 2.12 所示,屏幕图像的每一个像素会沿固定方向(通常是视线方向)发射一条光线,光线穿越体素场景时,每经过一个体素就会收集该体素的颜色和透明度信息,最后依据光线吸收模型将这些颜色和透明度信息进行叠加,得到该像素的颜色值。

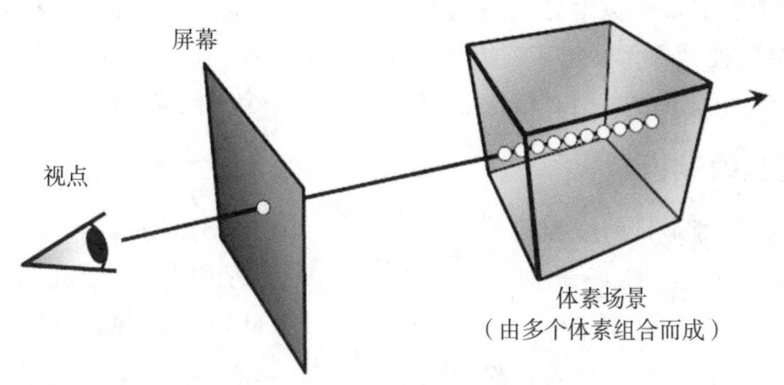

图 2.12　光线投射算法原理

与基于等值面的场景建模方法相比,基于体素的场景建模方法可以通过图形处理器(GPU)等手段进行实时更新,更适合具有动态特征的时空数据场景建模(Cheng et al.,2019)。如图 2.13 所示,通过该技术可以实现温度场的时空变化模拟。

图 2.13　基于体素的温度场建模

2.3 全球三维场景绘制方法

整个图形渲染可以看作一个伴随系统生命周期的连续循环过程，它不断按照某种逻辑将不可见的三维场景渲染成可见的图形影像供用户在屏幕上进行浏览(Huang et al.,2018)。需注意，整个绘制过程并非一成不变，对于不同的应用场景往往会采用不同的绘制策略(绘制模型)，例如对绘制过程中某些绘制步骤的顺序进行调整，或者将以往串行执行的绘制步骤改为并行执行。这些看似简单的调整往往会导致绘制效率的较大变化。因此如何选择或者设计绘制模型是任何图形渲染系统都不可忽视的关键。

离核绘制模型是虚拟地球实现海量三维场景高效绘制的关键技术之一。另外，帧异步绘制模型由于能够对前后帧时间进行压缩，在 osgEarth 等虚拟地球中得到了一定应用。下面介绍离核绘制模型和帧异步绘制模型。

2.3.1 离核绘制模型

离核绘制模型是目前虚拟地球最为常见的一种绘制模型，其核心思想是将复杂的逻辑处理过程(如场景加载)与图形渲染过程(如场景绘制)进行分离(Lindstrom et al.,2002;Cozzi et al.,2011; Deibe et al.,2019)，从而提高整体绘制效率。不同虚拟地球在对离核绘制模型的具体实现上有一定区别，以下以开源虚拟地球 WorldWind 和 osgEarth 为例进行说明(见图 2.14)。

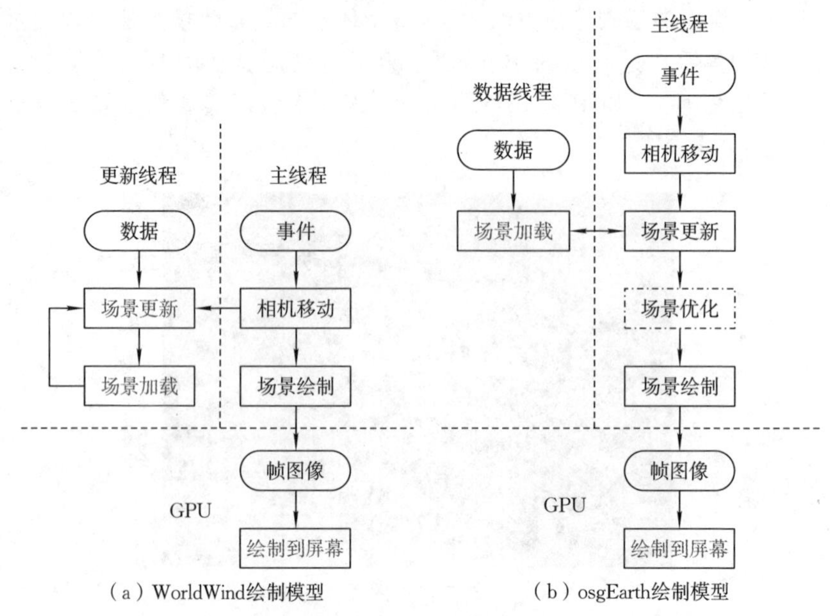

(a) WorldWind绘制模型　　(b) osgEarth绘制模型

图 2.14　离核绘制模型

离核绘制模型的绘制过程可以简化为相机移动、场景更新、场景加载、场景绘制四个步骤。

(1)相机移动。更新相机的观察位置与朝向。

(2)场景更新。判断场景中哪些物体(节点)可以直接绘制,哪些需要加载,哪些需要删除(一般通过视锥体裁剪实现)。

(3)场景加载。从外存中加载并解析数据,构建用于绘制的场景节点(如建筑物模型、地形瓦片等)。

(4)场景绘制。将需要被绘制的场景节点转换成绘制指令,并发送给 GPU 进行绘制。

图 2.14(a)为简化后的 WorldWind 绘制模型,除用于相机移动和场景绘制的主线程外,该绘制模型还专门开启了一个更新线程负责场景更新和场景加载操作,两个线程并行运行,实现了场景边更新边绘制的效果。这种设计有效减少了绘制主线程的计算压力,最终达到提高绘制效率的目的。

图 2.14(b)为简化后的 osgEarth 绘制模型,与 WorldWind 相比,osgEarth 将场景更新放到主线程进行,尽管会在一定程度上增加绘制主线程的计算压力,但具有两个优点。

(1)场景加载过程更加独立,可以开启多个数据线程加快场景加载速度。

(2)场景绘制将在场景更新后进行,即更新完所有场景后,再统一进行场景绘制。因此能够在场景更新和场景绘制中间补充一个场景优化过程,例如对场景物体的绘制顺序进行调整,使具有相同绘制状态的物体能够放在一起绘制,有效减少绘制指令的调用次数。WorldWind 采用边更新边绘制的机制,想实现类似的优化效果十分困难。

WorldWind 和 osgEarth 实现的离核绘制模型,其核心思想都是将场景加载过程与场景绘制过程进行分离。在这种机制下,整个虚拟地球场景不需要预先全部加载到内存中,而是根据视点位置进行动态加载,当视点离开场景时,对场景进行卸载处理。因此离核绘制模型又称基于外存的绘制模型,即数据主要放在外存而不是内存中。该技术是虚拟地球实现海量三维场景高效绘制的关键。

2.3.2　帧异步绘制模型

WorldWind 将场景更新步骤和场景绘制步骤放在不同线程中运行,实现了三维场景边更新边绘制效果,尤其是随着场景复杂度增加,这种边更新边绘制机制将会极大地提高系统绘制效率。osgEarth 绘制模型将场景更新步骤和场景绘制步骤按照串行的方式执行,当场景过于复杂时,对其效率必定会有所影响。

针对以上问题,osgEarth 基于 OpenSceneGraph 框架实现了一种帧异步绘制模型。该模型通过双缓存技术,在上一帧的场景绘制还没结束时,下一帧的场景更新就可以开始运行，实现了比 WorldWind 更合理的边更新边绘制效果，具体绘制模型如图 2.15 所示。

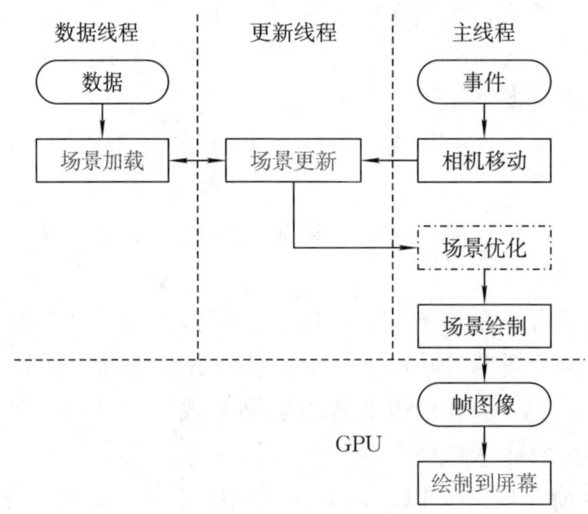

图 2.15　帧异步绘制模型

帧异步绘制模型开启了一个更新线程和一个主线程分别执行场景更新和场景绘制步骤。在场景更新步骤运行时，会对执行场景绘制步骤的主线程进行阻塞，保证同一帧的场景更新和场景绘制仍按照串行的方式执行，但这种线程阻塞方式不会影响下一帧的运行，使上一帧的场景绘制步骤与下一帧的场景更新步骤存在重叠，从而实现边更新边绘制效果。需要说明的是，这种绘制模型要求在场景更新步骤中，不能对场景进行卸载，否则在上一帧绘制没结束时，下一帧将待绘制的场景卸载了，系统则会因内存访问错误而崩溃。因此，帧异步绘制模型只能作为离核绘制模型的一种补充，负责实现一些复杂静态场景的高效绘制。

第3章　面向沉浸式虚拟地球的场景交互方法

3.1　概　述

虚拟现实技术本质上是一种新型的人机交互技术，因此实现用户在虚拟地球场景中的虚拟现实漫游与交互，是虚拟现实技术与虚拟地球技术两者能否结合的前提。考虑到现有虚拟现实系统一般通过位置跟踪技术将用户在真实空间的行为直接映射到虚拟空间，实现用户与三维场景的交互（字建香，2012）。如图 3.1 所示，通过位置跟踪技术，实现用户在真实空间的行为与虚拟空间的行为的同步。由于现有位置跟踪技术及场地的限制，用户在真实空间中的可移动范围不可能无限延伸（Suma　et al.，2015），对于沉浸式虚拟地球这种面向全球地理信息应用的三维地理信息系统，如何在有限的真实空间内实现整个虚拟地球空间虚拟现实漫游与交互是有待解决的首要问题。

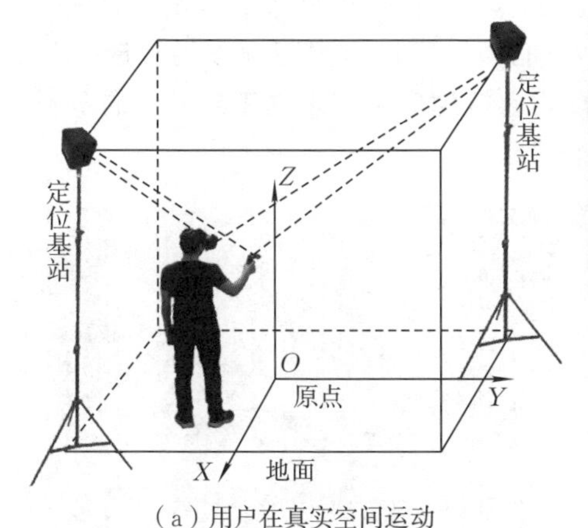

（a）用户在真实空间运动

（b）用户在虚拟空间运动

图 3.1　真实空间与虚拟空间的同步运动

其次，多尺度漫游与交互是虚拟地球有别于一般三维可视化系统的关键。现有的桌面端虚拟地球一般通过调整视距的方式（透视收缩）控制观察范围及场景的精细度（Cozzi　et al.，2011；Pirotti　et al.，2017）。如图 3.2(a)所示，在保持视锥体（frustum）的视场角（field of view，FOV）和长宽比 $\left(AspectRatio=\dfrac{h}{w}\right)$ 不变的情况下，视点离地球场景越远，观察范围越大。

在这种条件下，如图 3.2(b)所示，如果用户(高度约 1.7 m，双目视场角约 110°)要观察整个地球场景(直径约 12 742 km)，其视距 *Distance* 至少为 4 500 km

$$Distance > \frac{12\,742}{2}\cot\frac{110°}{2} \approx 4\,500(\text{km}) \tag{3.1}$$

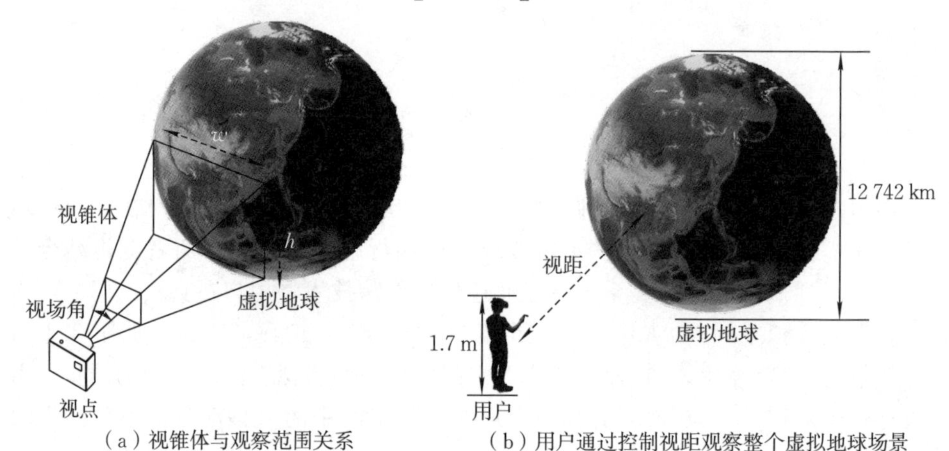

(a) 视锥体与观察范围关系 (b) 用户通过控制视距观察整个虚拟地球场景

图 3.2 通过改变视距实现虚拟地球场景中的多尺度漫游与交互

这就导致用户与地球场景存在空间上的隔离，即用户只能远距离观察虚拟场景，而不能与虚拟场景进行直接接触。如图 3.3 所示，真正意义上的虚拟现实漫游与交互，要求用户在看到虚拟场景的同时还能够以自然行为与虚拟场景进行互动(Kellogg et al.,2008)。因此，如何在沉浸式虚拟地球中实现真正意义上的多尺度虚拟现实漫游与交互是有待解决的第二个问题。

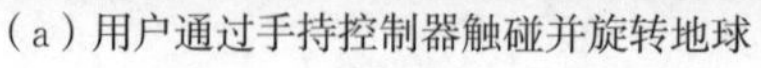

(a) 用户通过手持控制器触碰并旋转地球 (b) 用户在城市间自由穿行并拾取建筑物

图 3.3 用户与不同尺度的虚拟场景进行交互

虚拟现实的沉浸感除了体现在场景逼真度外，还体现在场景漫游与交互的准确性。出现视点穿墙、陷地等现象将会严重影响用户体验(见图 3.4)。而现有桌面端虚拟地球(Cozzi et al.,2011; Pirotti et al.,2017)主要采用鸟瞰的方式从高空进行场景浏览，较少顾及视点移动时与场景的碰撞检测与响应问题，导致在近地表或室内场景浏览时存在严重缺陷。因此，如何在虚拟现实漫游交互过程中对视点进行精确及快速校正，确保视点能够出现在正确的位置，是有待解决的第三个问题。

(a) 没有考虑墙体阻挡使虚拟现实视点穿入到墙体之间

(b) 没有考虑地形起伏使虚拟现实视点逐渐被山体掩盖

图3.4　虚拟现实视点与虚拟场景发生碰撞

针对前两个问题，本书设计了一种真实空间到虚拟地球空间的映射模型，通过该模型将用户在真实空间的所有行为全部映射到虚拟地球中，使用户能够通过自然行为与全球不同尺度、不同位置的空间数据进行互动。针对第三个问题，本书在空间映射模型基础上提出了一种虚拟现实视点校正算法，该方法首先通过对全球三维场景进行剖分并建立空间索引，保证虚拟现实视点只与最近的三维场景进行碰撞检测，最后根据碰撞检测结果对虚拟现实视点位置进行实时校正，从而避免出现视点穿墙、陷地等错误的漫游交互现象。

3.2　场景交互方法

为了实现用户与虚拟地球场景的漫游与交互，早期研究人员考虑过将三维人机交互技术直接应用于虚拟地球场景。如 Kamel Boulos 等(2011)基于 Kinect 识别用户的手势，通过手势实现谷歌地球的平移、旋转、缩放、俯仰。Çöltekin 等(2016)则将眼动仪和踩踏板用于谷歌地球人机交互，通过凝视实现场景缩放，踩踏实现场景移动。然而以上研究本质上只是对交互手段进行了改进，通过手势、姿势代替传统的鼠标—键盘进行场景操作，而在实际应用时，上述三维交互方式往往会较传统基于鼠标—键盘交互方式更加烦琐，如基于手势进行大范围场景移动时，可能会因为手势识别不正确而产生错误的漫游交互现象，最终影响用户体验。

随着室内定位技术的快速发展，现有的虚拟现实系统可以直接通过位置跟踪将用户在真实空间的行为映射到虚拟空间，实现用户与虚拟场景的自然行为交互。然而，由于现有位置跟踪技术及场地的限制，用户在真实空间中的可移动范围不可能无限延伸。因此,如何在有限空间内实现大范围场景的虚拟现实漫游与交互是位置跟踪技术应用于沉浸式虚拟地球的关键。目前最常用的方式是通过拾取小地图等手段对用户进行整体平移来实现不同场景的切换,如进入地震场内部观察发震断层(Kellogg et al.,2008)。Helbig 等(2014)在观察三维气象数据时通过平移实现不同视角的快速切换,这种方式实现简单,但整个交互漫游过程缺乏连续性。路径跟踪技术有效解决了上述问题,它让用户沿着预先设定的路线进行连续平移,并通过头盔显示器摆动进行四周观察,这种方式虽然能够保证虚拟现实漫游交互的连续性效果,但由于灵活性较差,且需要预先构建大量路线,应用范围有限。

重定向移动技术的出现,为解决以上问题提供了新的思路。如图 3.5 所示,通过对视线进行误导,使用户以真实空间原地绕圈方式完成大范围虚拟场景的直线行走(Bruder et al.,2012; Suma et al.,2015;Azmandian et al.,2016)。该方法适用范围广,是目前虚拟现实交互最为热门的研究方向之一。但现有的重定向算法依赖用户所在位置的路网信息,对于沉浸式虚拟地球来说,事先对所有地区的三维场景构建路网较为困难。

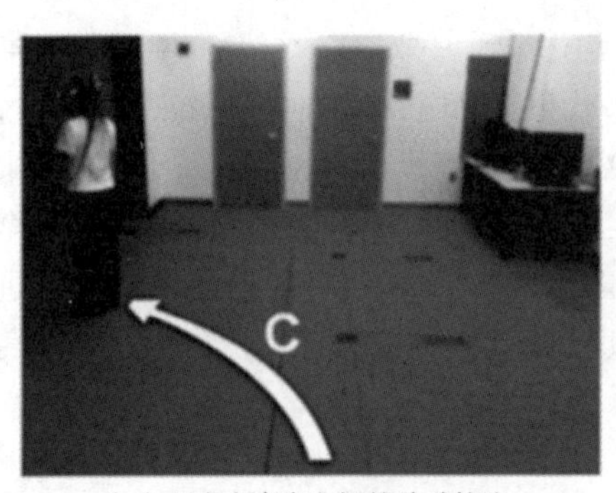

(a) 用户在真实空间的移动轨迹

(b) 用户在虚拟空间的移动轨迹

图 3.5 重定向移动

以上研究尽管在一定程度上解决了用户在大范围场景的漫游交互问题,但基本上都忽视了虚拟地球场景的多尺度特性。当用户想要观察不同尺度的三维场景时,只能不断对用户与场景之间的距离进行调整(Pirotti et al.,2017),导致用户与场景存在空间上的隔离,即用户只能在远距离观察场景而无法与场景进行直接接触。对此,Google Earth VR 采用缩放飞行方法(Käser et al.,2017),通过手柄指向来引导用户进行连续平移,同时在移动过程中,可以根据用户与地表的距离,自动对用户在虚拟空间与真实空间的比例大小进行调整,方便用户与不同尺度的三维场景间进行交互。如图 3.6 所示,在不同尺度下,用户都能与 Google Earth VR 中的三维场景进行直接接触,而不仅仅是在远处进行观察。不过出于商业目的,谷歌公司并没有公开该技术实现细节,同时该技术在浏览尺度上,最低只能缩放到城市级别,导致用户无法在街道、室内等高精细场景进行浏览。除此之外,该技术没有过多考虑用户与三维场景的碰撞问题，因此在室内等复杂三维场景进行虚拟现实漫游与交互时存在缺陷。

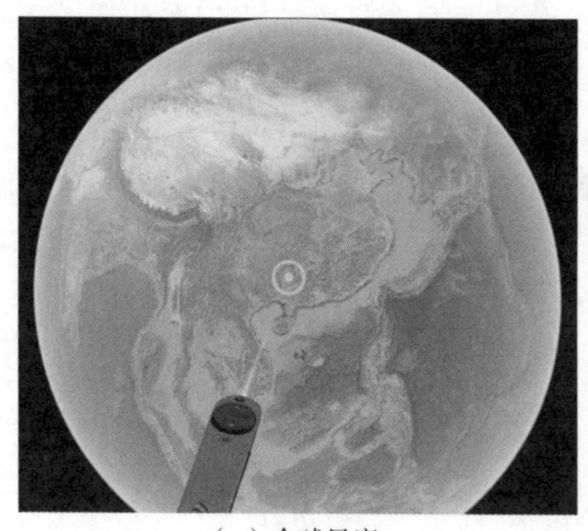

（a）全球尺度

（b）城市建筑尺度

图3.6　Google Earth VR中的多尺度场景漫游与交互

3.3　真实空间到虚拟地球空间的映射模型

如前所述，在虚拟现实系统中用户所有运动都是基于以位置跟踪系统参考中心为原点的笛卡儿坐标系，而现有的虚拟地球场景则基于地心地固坐标系（Earth-centered，Earth-fixed，ECEF）（见图3.7(a)）。因此，实现真实空间到虚拟地球空间映射的关键就是建立两种坐标系转换关系。对此，本书设计了场景平面（scene plane）和漫游平面（navigation plane）两个空间对象以简化映射问题，如图3.7所示。

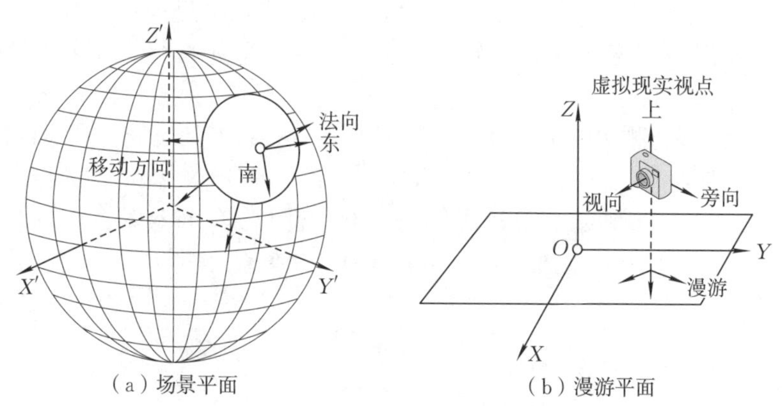

（a）场景平面　　（b）漫游平面

图3.7　场景平面与漫游平面

漫游平面为过虚拟地球表面某一点的切平面，相当于虚拟地球中的某一场景，其法向量与地球椭球体法向量重合。漫游平面可以看作真实空间中的地面，其原点即为位置跟踪系统的参考中心，头盔显示器在地面上移动时，虚拟现实视点也会在漫游平面进行同步运动。通过这种设计，将复杂的空间映射问题简化成两平面的相对位置问题，即只要确定场景平面与漫游平面两个平面之间相对位置关系就能实现用户在地球场景中的漫游交互。

根据沉浸式虚拟地球漫游交互的需要，本书设计了四种相对位置关系。

(1)对齐。为了使用户能够与任意位置地球场景进行交互，如图 3.8(a)所示，将漫游平面原点与场景平面原点重合并保持轴向关系不变。当场景平面在虚拟地球表面移动(pan)时，为了保持对齐关系，漫游平面也会同步进行移动，而用户观察的场景也会因此发生变化。该关系可以表示为

$$\boldsymbol{AlignMatrix} = \begin{bmatrix} South[0] & South[1] & South[2] & 0 \\ East[0] & East[1] & East[2] & 0 \\ Normal[0] & Normal[1] & Normal[2] & 0 \\ x' & y' & z' & 1 \end{bmatrix} \tag{3.2}$$

式中，$South[i]$、$Normal[i]$、$East[i]$ 为场景平面的坐标轴，$i = 0$、1、2 分别代表 x、y、z，x'、y'、z' 为场景平面的原点在地球中的位置。

(2)旋转。为了使用户能从不同角度与地球场景进行交互，将漫游平面绕 Y 轴进行旋转 (rotate)，实现漫游平面与场景平面平行或垂直。两平面平行时，用户以平视的方式观察场景，如图 3.8(a)所示。两平面垂直时，用户以鸟瞰的方式观察场景，如图 3.8(b)所示。该关系可表示为

$$\boldsymbol{RotateMatrix} = \begin{bmatrix} \cos\theta & 0 & \sin\theta & 0 \\ 0 & 1 & 0 & 0 \\ -\sin\theta & 0 & \cos\theta & 0 \\ 0 & 0 & 0 & 1 \end{bmatrix} \tag{3.3}$$

式中，θ 为漫游平面绕 Y 轴的旋转角度，$\theta = 0$ 时两平面平行，$\theta = \pi/2$ 时两平面垂直。

(3)缩放。为了使用户能与不同尺度地球场景进行互动，对漫游平面的缩放比例 N 进行调整，即在场景平面中的 1 米对应漫游平面上 N 米(N 由用户设定)。具体效果如图 3.8(c)所示。随着 N 增加，用户观察视角、可移动范围也会不断扩大，从而达到与不同尺度三维场景交互的目的。该关系可表示为

$$\boldsymbol{ScaleMatrix} = \begin{bmatrix} N & 0 & 0 & 0 \\ 0 & N & 0 & 0 \\ 0 & 0 & N & 0 \\ 0 & 0 & 0 & 1 \end{bmatrix} \tag{3.4}$$

(4)偏移。当虚拟现实视点出现穿入墙壁或陷入地表等情况时，需要对视点位置进行校正(对视点位置进行临时性的偏移)。本书通过偏移漫游平面原点与场景

平面原点实现，如图 3.8(d)所示，这种方式优点在于偏移虚拟现实视点的同时保持了虚拟现实视点与参考中心的相对位置，不会对之前的缩放关系造成影响。该关系可表示为

$$\boldsymbol{OffsetMatrix} = \begin{bmatrix} 1 & 0 & 0 & 0 \\ 0 & 1 & 0 & 0 \\ 0 & 0 & 1 & 0 \\ \mathrm{d}x & \mathrm{d}y & \mathrm{d}z & 1 \end{bmatrix} \tag{3.5}$$

式中，$\mathrm{d}x$、$\mathrm{d}y$、$\mathrm{d}z$ 的计算将在 3.4.2 小节详细说明。

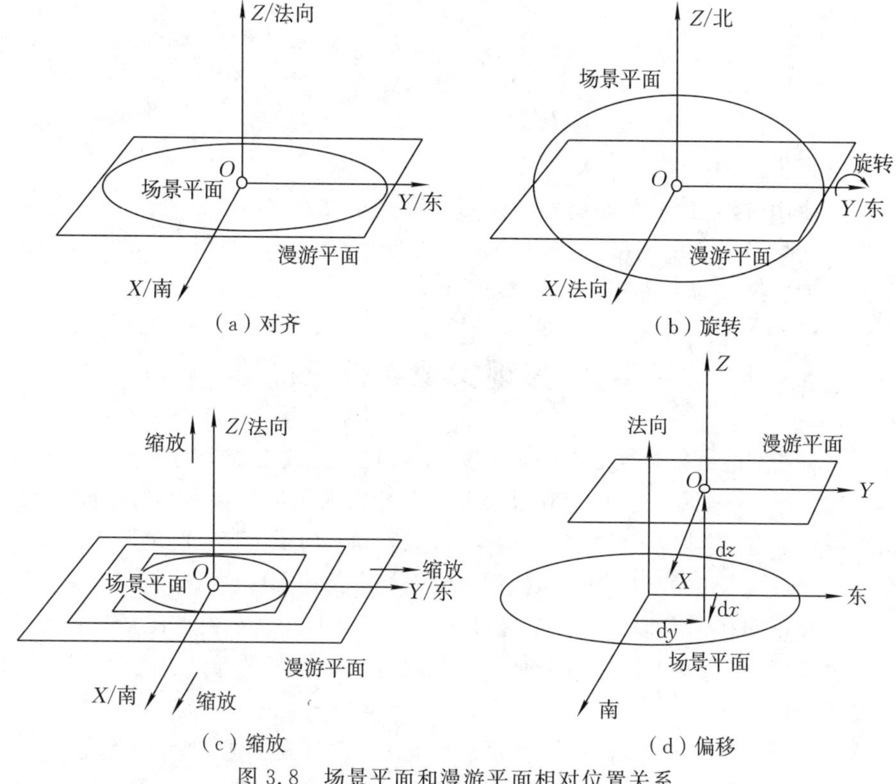

图 3.8　场景平面和漫游平面相对位置关系

为了构建真实空间到虚拟地球空间的映射模型，需要将以上四种位置关系进行合并，即按照缩放、旋转、偏移、对齐顺序依次执行矩阵变换

$$\boldsymbol{TransformMatrix} = \boldsymbol{ScaleMatrix} \cdot \boldsymbol{RotateMatrix} \cdot \boldsymbol{OffsetMatrix} \cdot \boldsymbol{AlignMatrix} \tag{3.6}$$

在真实空间中所有的向量或矩阵都能通过右乘 $\boldsymbol{TransformMatrix}$ 映射到虚拟地球空间，如虚拟地球表面的虚拟现实视点（左右两眼，以矩阵形式表示）

$$\boldsymbol{LeftViewPointMatrix} = \begin{bmatrix} Side[0] & Side[1] & Side[2] & 0 \\ Up[0] & Up[1] & Up[2] & 0 \\ Look[0] & Look[1] & Look[2] & 0 \\ x + IPD/2 & y & z & 1 \end{bmatrix} \cdot \boldsymbol{TransformMatrix} \tag{3.7}$$

$$\boldsymbol{RightViewPointMatrix} = \begin{bmatrix} Side[0] & Side[1] & Side[2] & 0 \\ Up[0] & Up[1] & Up[2] & 0 \\ Look[0] & Look[1] & Look[2] & 0 \\ x - IPD/2 & y & z & 1 \end{bmatrix} \cdot \boldsymbol{TransformMatrix} \tag{3.8}$$

式中，x、y、z 为头盔显示器与参考中心的相对位置，$Side[i]$、$Up[i]$、$Look[i]$ 为头盔显示器朝向，$i=0$、1、2 分别代表 x、y、z，IPD 为瞳孔距离，以上参数均由虚拟现实系统提供。

实际应用时，用户只要通过手柄控制器等交互设备调整场景平面原点位置，漫游平面与场景平面旋转角度 θ，漫游平面与场景平面缩放比例 N，就能实现全球范围不同尺度三维场景的虚拟现实漫游与交互。

3.4　虚拟现实视点校正算法

通过真实空间到虚拟地球空间映射模型，实现了用户在虚拟地球场景中的多尺度漫游与交互。然而这一漫游交互过程并没有考虑视点与三维场景的碰撞问题，容易出现视点穿墙、陷地等现象，严重影响在近地表和室内漫游交互时的用户体验。本书在真实空间到虚拟地球空间映射模型基础上提出了一种虚拟现实视点校正算法。

视点校正即在视点移动过程中通过碰撞计算等方式判断视点位置是否与三维场景发生碰撞，如果发生碰撞则按照一定规则将视点与三维场景进行分离，使视点出现在正确位置。

随着场景复杂度增加，碰撞计算量也会增加，尤其是在虚拟现实环境下，虚拟现实视点位置会随着头盔显示器移动频繁更新，缓慢的视点校正速度将会严重影响整体绘制效率。为了提高效率，现有的碰撞算法在碰撞检测前一般会采用二叉空间剖分(binary space partitioning，BSP)树、均匀网格、八叉树、四叉树等结构对三维场景进行空间剖分并建立相应的空间索引，保证待检测目标只与附近的三维场景进行碰撞计算，从而有效地降低碰撞计算量(水泳，2013)。然而以上空间剖分与索引方式都是面向小范围的场景平面，无法直接应用于具有多种尺度的全球三维场景。对此，Luo 等(2011)提出了“VGIS-COLLIDE”方法，该方法基于全球球面离散格网对全球地理空间进行剖分，上下级格网间再通过四叉树结构进行关联，在具备四叉树索引特点的同时，又能无缝覆盖全球地理空间。但全球球面离散格网只能对地球表面进行二维划分，忽视了地理空间的高度属性，如室内场景的楼层属性等，对此，本书在“VGIS-COLLIDE”基础上进行改进，以全球球体离散格网代替全球球面离散格网，对全球三维场景进行划分，并通过八叉树建立空间索引。

3.4.1　基于八叉树的空间剖分与检索算法

为了应用方便，采用了等分经纬度高度的全球球体离散格网对全球立体空间进行剖分，上级格网和下级格网间采用八叉树结构进行关联，从而建立适用于虚拟地球环境的八叉树索引。

考虑具体应用时虚拟地球一般采用多线程异步方式进行场景加载（离核绘制模型），本书采用动态的方式构建八叉树索引，即场景中每载入一个绘制对象则对八叉树结构进行一次更新：遍历八叉树，将绘制对象插入相应位置的八叉树节点中，如果该节点为叶节点且内部顶点总数超过阈值则对该节点进行分裂，具体如算法 3.1 所示。

算法 3.1　八叉树更新算法

```
输入：新载入的绘制对象 Object，Object 所在的子空间 Root
步骤 1 Set 当前处理的节点 Node = Root
步骤 2 If Node 的空间范围与 Object 的包围盒相交：将 Object 插入到 Node 中
步骤 3 If Node 存在子节点 Children
        For each Child in Children
            Set Node = Child,Go To 步骤 2
        End For
      Else If Node 中的顶点总数大于阈值：Go To 步骤 4
步骤 4 If 八叉树叶节点总数低于已插入的绘制对象总数的 50%
        通过等分经纬度和高度的方式生成 Node 的子节点
        将 Node 中的所有绘制对象分配到子节点中
```

其中，步骤 4 的判断条件主要是为了避免因绘制对象分布过于集中而导致八叉树分裂频繁，50%为经验值。

通过算法 3.1 为全球三维场景建立了八叉树索引，因此虚拟现实视点校正的第一步是对八叉树进行遍历，找到虚拟现实视点所在的八叉树叶节点，然后从八叉树叶节点中提取出绘制对象。考虑本书从全球开始进行空间剖分，如果绘制对象分布过于集中，导致树深度过高，影响检索效率，因此本书不再采用传统的从根节点出发，自上而下的方式遍历八叉树；而是从上一帧中虚拟现实视点所在节点出发，自下而上再向下进行检索。这点能成立的原因在于，虚拟现实视点的移动都是连续的，因此上一帧中虚拟现实视点所在节点必定是当前虚拟现实视点的所在节点的邻近节点，从邻近节点出发要比从根节点出发查询速度更快，具体如算法 3.2 所示。

算法 3.2 八叉树检索算法

```
输入:上一帧中虚拟现实视点所在八叉树节点 Node0
    以虚拟现实视点为中心,用户高度为半径构建最小包围体 Bounding
输出:当前虚拟现实视点所在八叉树节点 Node0;检索到的绘制对象集合 Objects

步骤 1 Set Node = Node0
步骤 2 If Node 空间范围包含 Bounding:Go To 步骤 3
       Else:Set Node = Node 父节点,Go To 步骤 2
步骤 3 If Node 存在子节点 Children
         For each Child in Children
             If Child 空间范围不相交 Bounding:Continue
             If Child 空间范围包含 Bounding 且 Child 树深度高于 Node0
                 Set Node0 = Child
                 Set Node = Child;Go to 步骤 3
         End For
       Else:将 Node 中的所有绘制对象插入到 Objects 中(剔除重复的绘制对象)
步骤 4 结束算法,返回 Node0 及 Objects
```

3.4.2 虚拟现实视点碰撞检测与响应算法

通过算法 3.2 获取到视点周围的绘制对象(三维场景)后,下一步是将视点与这些绘制对象进行碰撞计算,并根据碰撞结果,对视点位置进行校正,从而实现虚拟现实视点在近地表或室内场景的精确漫游。

本书主要采用两种方式实现虚拟现实视点的移动:一是在虚拟空间中移动漫游平面间接带动虚拟现实视点;二是在真实空间中移动头盔显示器直接驱动虚拟现实视点。以下针对两种视点移动方式分别设计视点碰撞检测与响应算法。

针对第一种虚拟现实视点移动方式,考虑到漫游平面的移动都是连续的,如果发现视点与场景碰撞,如碰到墙壁等实体,只要将漫游平面回滚到上一帧位置,就能实现视点与场景的分离,具体实现方法如下:

(1)设漫游平面待移动向量为 $Forward$,当前虚拟现实视点位置为 $VP0$,则移动后视点位置 $VP1 = VP0 + Forward$。

(2)判断 $VP0$ 与 $VP1$ 的连线是否与三维场景存在交点。存在交点说明移动过程中视点与三维场景发生碰撞,如图 3.9(a)所示,拒绝漫游平面移动请求,虚拟现实视点位置回滚到 $VP0$。

(3)如果不存在交点,则接受漫游平面移动请求。为了满足对齐关系,移动后的漫游平面原点要与场景平面贴合,因此在碰到较高地形时,虚拟现实视点会在一定程度上进行抬高,避免了视点下陷问题,如图 3.9(b)所示。

针对第二种虚拟现实视点移动方式,由于头盔显示器在真实空间的运动已经发生,无法回退,只能在虚拟空间中对虚拟现实视点位置进行偏移实现视点与场景的分离。本书则通过偏移漫游平面代替直接偏移视点。具体方法如下:

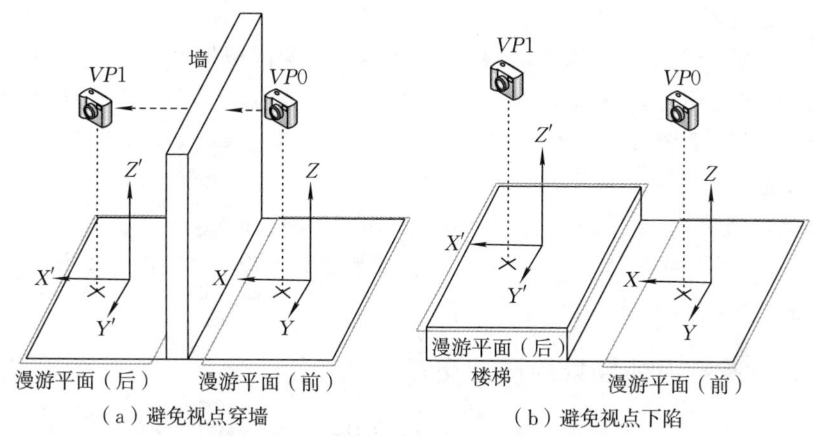

(a) 避免视点穿墙　(b) 避免视点下陷

图 3.9　在虚拟空间中移动漫游平面

(1)设 $VP1$ 为当前视点位置,$VP0$ 为上一帧视点位置,计算 $VP0$ 与 $VP1$ 的连线与三维场景的交点。

(2)如果交点存在,则对漫游平面进行水平方向偏移,如图 3.10(a)所示,偏移向量 (dx, dy) 为 $VP1$ 到交点的方向向量在场景平面上的投影。

(3)对漫游平面进行垂直方向偏移,如图 3.10(b)所示,偏移值为

$$dz = HN - D \tag{3.9}$$

式中,D 为 $VP1$ 与场景平面的垂直距离,H 为头盔显示器在真实空间的高度,N 为漫游平面与场景平面缩放比例。

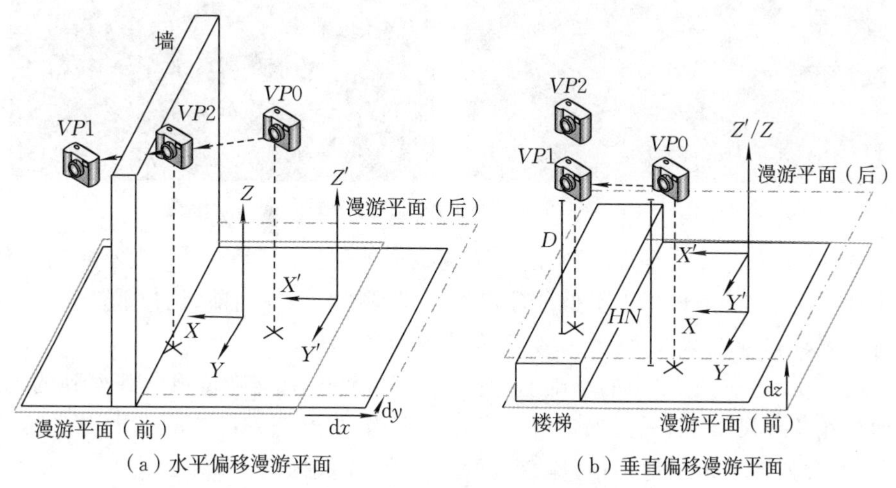

(a) 水平偏移漫游平面　(b) 垂直偏移漫游平面

图 3.10　偏移漫游平面实现视点与场景的分离

3.5 实验与分析

为了验证本书提出方法的有效性，下面基于开源虚拟地球平台 osgEarth 进行实验，其中软件环境为 Window 7 32 位、OpenGL 和 OpenVR，硬件环境为 Intel (R)Core(TM)i7-6700K CPU、NVIDIA GeoForce 1070 显卡、8GB 内存和 HTC VIVE 头盔式虚拟现实系统。

实验数据中，影像采用易智瑞公司发布的 ESRI_Imagery_World_2D 影像瓦片服务，地形采用 ReadMap 发布的地形瓦片服务，建筑为中国山西某景区包含室内结构的三维城市模型。

3.5.1 全球室内外场景的漫游交互测试分析

图 3.11 至图 3.15 为采用本书方法在虚拟地球场景中进行多尺度漫游与交互时虚拟现实视点观察到的场景影像。

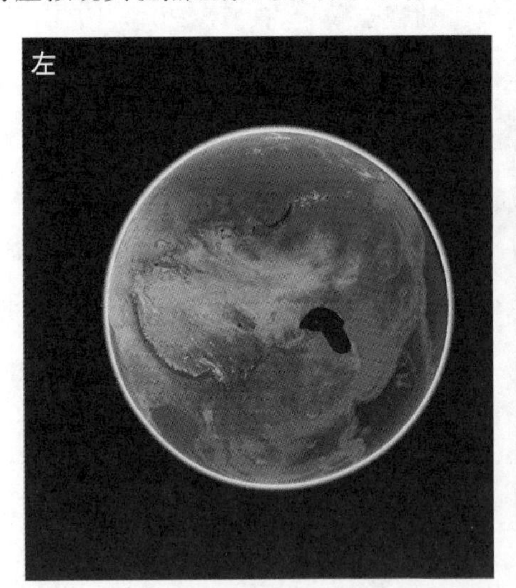

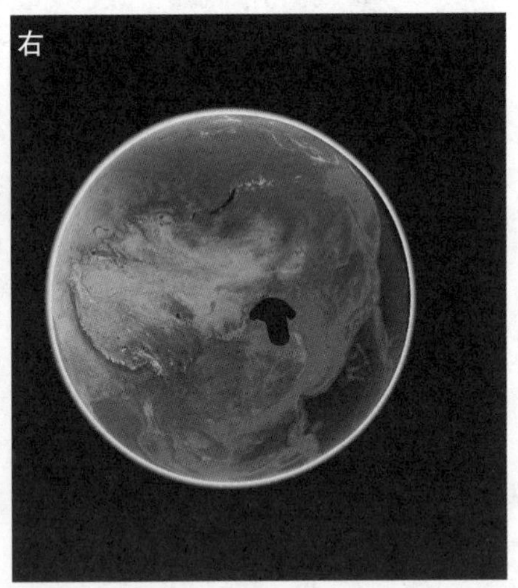

图 3.11 $N=3\ 000$ 时虚拟现实视点观察到的场景影像

图 3.11 为将漫游平面缩放比例 N 调整至地球尺度(3 000)时观察到的影像。在这种尺度下，整个地球以类似地球仪的形式展现在用户面前，用户能够直接用手触碰并旋转整个地球。

图 3.12 是在图 3.11 的基础上，通过降低缩放比例及旋转视角观察到的场景影像。在这种尺度 ($N=1\ 000$) 下，虚拟现实用户能够快速在不同国家(地区)间穿行，适合处理大范围地理信息数据(如气象、海洋数据)。

图 3.13 则是将缩放比例调整至城市尺度 ($N=100$) 时观察到的场景影像，在

这种尺度下，整个城市以类似微观模型的形式展现在用户面前，用户能够自由地在这些建筑物间穿行，可弯腰拾取建筑物，该尺度适合进行城市规划，如调整建筑物位置、大小并观察调整后对周围环境、交通的影响。

图 3.12　$N = 1\,000$ 时虚拟现实视点观察到的场景影像

图 3.13　$N = 100$ 时虚拟现实视点观察到的场景影像

图 3.14 是在图 3.13 的基础上，通过移动场景平面原点位置，并降低缩放比例观察到的影像。在这种尺度下，虚拟现实用户与建筑物尺寸相接近，用户能够方便地对建筑物表面进行三维矢量编辑，如勾勒出建筑物矢量轮廓等。

图 3.15 为缩放比例为 1 时观察到的场景。由于与真实尺度一致，该尺度有更为强烈的沉浸感与逼真度，是实现虚拟旅游不可或缺的一种漫游模式。

图 3.14　$N=10$ 时虚拟现实视点观察到的场景影像

图 3.15　$N=1$ 时虚拟现实视点观察到的场景影像

图 3.16 记录了采用本方法进行室内漫游时观察到的场景影像(影像均取自头盔显示器左眼)。

如图 3.16 所示,与一般高空俯视漫游相比,室内漫游需要更多考虑三维场景对视点移动的影响,如碰到阶梯视点被抬高,碰到障碍物视点被阻挡。现有虚拟地球中的漫游方法都较少考虑这方面问题,导致在近地表或室内浏览时存在严重技术缺陷。本方法能够保持视点与阶梯、栏杆、墙壁的距离,以一种更符合真人漫游的方式在室内场景中进行浏览。

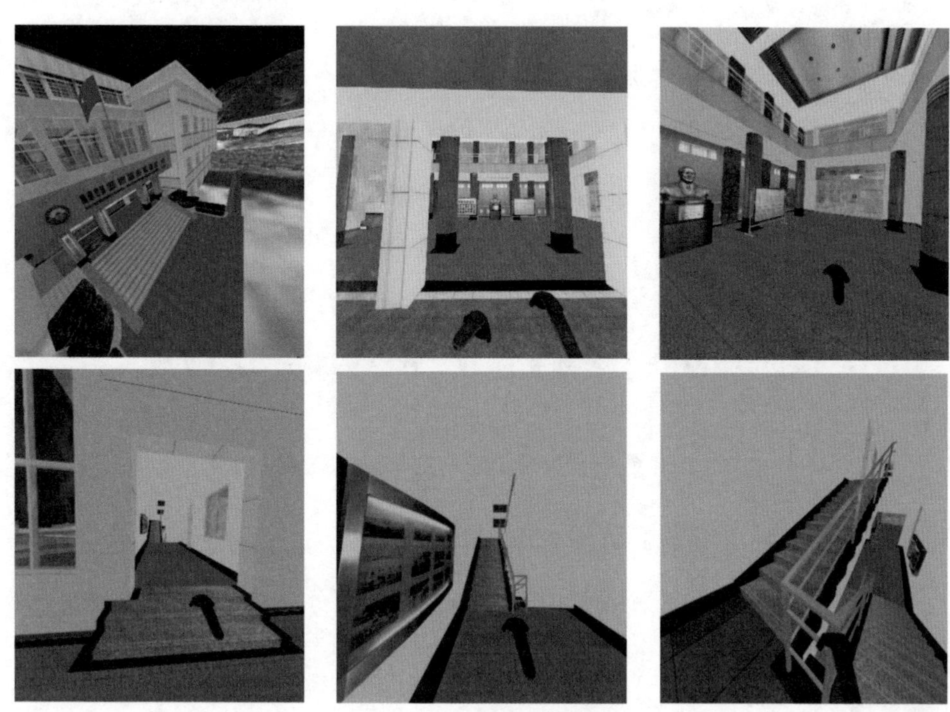

图 3.16　室内虚拟现实漫游效果

Google Earth VR 目前版本只提供了全球到城市建筑尺度的场景漫游(见图 3.16),不涉及街道(见图 3.15)和室内场景(见图 3.16)。与之相比,本方法采用缩放漫游平面的方式实现多尺度漫游交互,只要控制缩放比例 N 就能够实现各种尺度间的无缝切换,做到了全球室内外场景一体化漫游与交互。

3.5.2　漫游交互效率测试分析

为了对本书的漫游交互方法的效率进行验证,图 3.17 记录了从全球到室内整个漫游过程(见图 3.11 至图 3.16)中每帧的绘制总时间与漫游交互时间。其中,漫游交互时间包括用户从真实空间到虚拟地球空间的映射时间、视点校正时间,以及手部控制器、头盔显示器的消息响应时间。绘制总时间为绘制一帧的总时间。从图 3.17 可以看出,无论场景如何发生变化,漫游交互时间基本上能保持在 5 ms 以内。这主要是因为采用基于八叉树的空间剖分与索引方法对全球三维场景进行剖分和建立空间索引,使同一时间内虚拟现实视点只与周围限定顶点数量的三维场景进行碰撞计算,有效地限制了场景复杂性对漫游交互时间的影响。

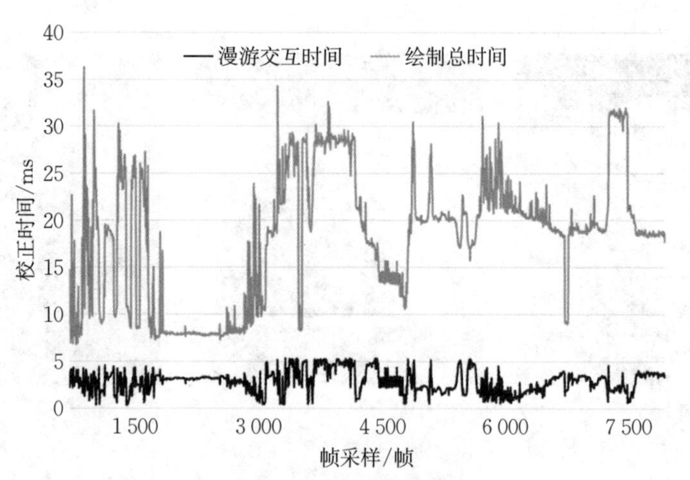

图 3.17 漫游交互过程中绘制总时间与漫游交互时间

3.5.3 空间剖分与索引方法效率对比分析

为了进一步验证本书采用的基于八叉树的空间剖分与索引方法的有效性和必要性，图 3.18 对比了基于不同空间剖分与索引方法进行视点校正时的时间消耗，其中对比方法为 VGIS-COLLIDE 所采用的基于四叉树的空间剖分与索引方法，该剖分与索引方法同样面向全球三维场景，与本法在应用领域上较为相似。

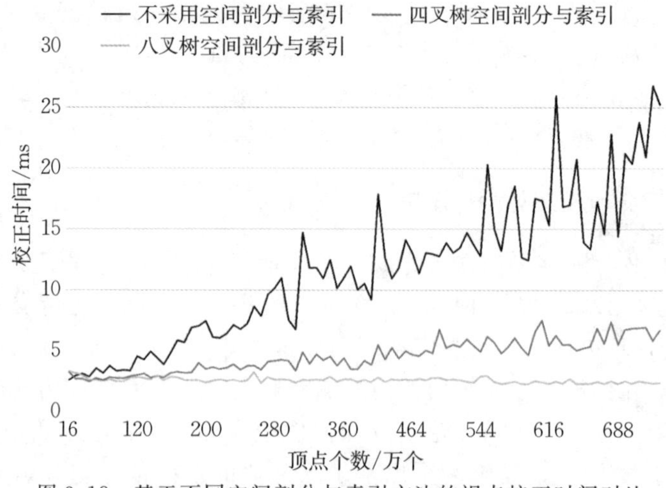

图 3.18 基于不同空间剖分与索引方法的视点校正时间对比

从图 3.18 可以看出，不采用空间剖分与索引方法时，视点校正时间会随着场景复杂度(顶点个数)的增加线性上升，最终影响绘制效率，采用空间剖分与索引方法则能有效避免该问题。在不同空间剖分与索引方法中，由于实验采用的城市建筑数据包含大量室内及楼层结构，因此基于八叉树的空间剖分与索引方法较现有的基于四叉树的空间剖分与索引方法能够更加均匀地对三维场景进行划分，在稳定性和效率上都有明显提高。

考虑到每载入一个绘制对象，都要对现有的空间剖分与索引结构进行一次更新，为了验证频繁更新是否会对系统效率造成影响，图 3.19 对不同空间剖分与索引方法的更新时间进行了对比。

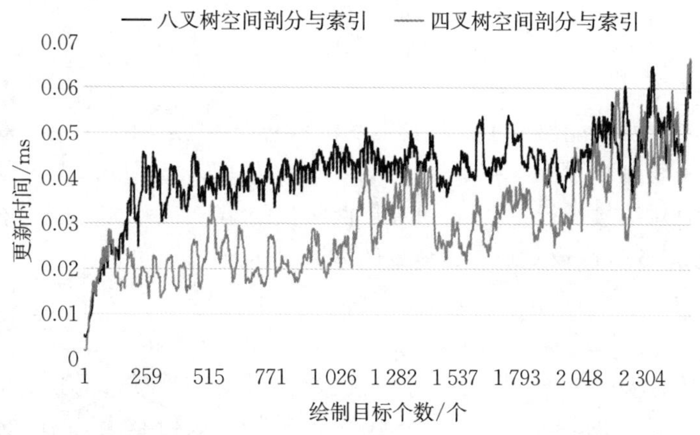

图 3.19　不同空间剖分与索引方法的更新时间对比

从图 3.19 可以看出，尽管本书提出的基于八叉树的空间剖分与索引方法的更新时间要高于现有的基于四叉树的空间剖分与索引方法，但基本上也能保持在 0.045 ms 左右，考虑到一个不包含纹理并具有 1 000 个顶点的绘制对象的载入时间约为 100 ms，因此空间剖分与索引结构的更新基本上不会对绘制对象载入造成影响。同时，由于基于四叉树的空间剖分与索引方法无法对立体空间进行均匀划分，随着场景中绘制对象增加，四叉树深度的增长速度要快于八叉树，最终导致其更新时间接近并超过基于八叉树的空间剖分与索引方法。

第4章　面向沉浸式虚拟地球的双目并行绘制方法

4.1　概　述

虚拟现实之所以能够产生身临其境的沉浸感，主要是因为采用了一种基于双目视觉的场景绘制机制（Kaehler et al.，2016）。如图4.1所示，该机制需要开启两个相机同时对场景进行观察，通过控制两相机的相对距离，形成具有视差的双目影像，最终根据双目影像实现三维场景的远近立体效果。

两相机的相对距离为

$$EyeOffset = PupillaryDistance \cdot Scale \tag{4.1}$$

式中，$PupillaryDistance$ 为定值；$Scale$ 为漫游尺度（即缩放比例，虚拟空间中的用户与真实空间中的用户的大小比例，见3.3节），该值越大，用户的观察范围越广。

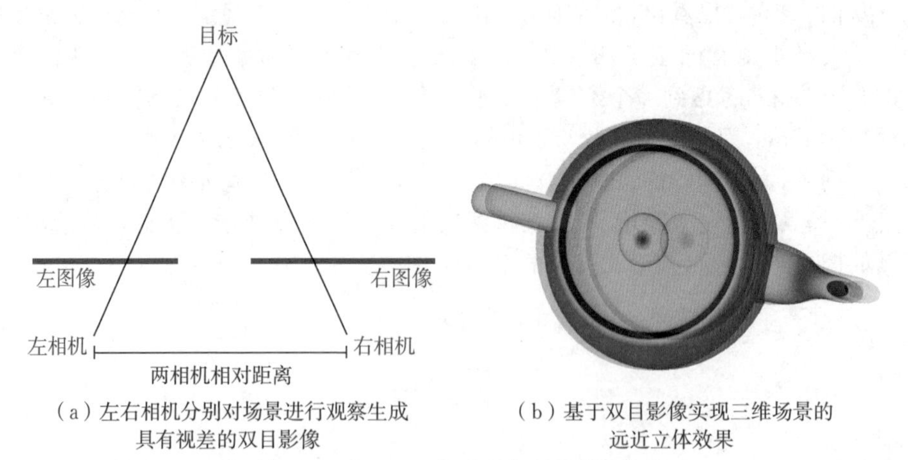

（a）左右相机分别对场景进行观察生成具有视差的双目影像

（b）基于双目影像实现三维场景的远近立体效果

图4.1　基于双目视觉的场景绘制机制

虚拟现实的特殊绘制机制导致三维场景在一帧内需要连续绘制两遍，考虑到虚拟地球场景，尤其是包含大量精细建筑模型的三维城市场景，其场景复杂度要远高于一般可视化系统（Huang　et al.，2018），直接对其进行双目绘制无疑会导致绘制效率的严重降低，进而影响系统的可用性。

除此之外，由于左右相机在位置上存在偏差，导致同一物体到左右相机的距离

(视距)也会不同。虚拟地球一般通过空间四叉树模型实现全球三维场景多分辨率渲染,场景分辨率会随着视距的不同而发生显著变化,以全球影像地形场景为例,如图4.2所示,由于包含了大量不同分辨率的地形瓦片,使得同一地区场景在左右相机中以不同分辨率的瓦片表示,当不同分辨率的地表影像色调差距较大时,则会出现立体匹配错误问题,极大地影响用户视觉体验。

(a)左相机

(b)右相机

图4.2　虚拟地球场景在左右相机以不同分辨率的瓦片表示

如何在虚拟现实双目绘制机制下实现全球空间数据的高效绘制,同时保证左右相机观察到的场景分辨率相一致,是沉浸式虚拟地球有待解决的两个关键问题。本书提出一种面向沉浸式虚拟地球的双目并行绘制方法,主要包括两部分内容。针对第一个问题,本书设计了一种面向沉浸式虚拟地球的双目并行绘制模型,该模型通过优化绘制过程,将左右相机的绘制任务分配到不同中央处理器核心上进行处理,实现双目场景的并行绘制。针对第二个问题,在双目并行绘制模型基础上提出了一种双目场景分辨率同步算法,该算法针对虚拟地球的四叉树数据结构组织特点,在绘制过程中实时对左右相机观察到的场景的分辨率进行同步,从而避免出现双目立体匹配错误的问题。

4.2　并行绘制方法

并行绘制是目前应用最为广泛的绘制效率优化手段之一,主要有数据并行和图形流水线并行两大类。

4.2.1　数据并行方法

数据并行,即将复杂的场景加载过程与图像绘制过程进行并行化处理,2.3.1

小节提到的离核绘制模型就是数据并行的一种具体实现方式。该方法在现有的三维地理信息系统领域应用十分广泛。现有的桌面端虚拟地球在绘制大规模地形场景时，将地形节点的加载过程与图形渲染过程并行化处理，实现全球地形场景边更新边绘制的效果(Cozzi et al.,2011; 佘江峰 等,2012)。Huang 等(2018)则将该方法应用于三维城市场景，实现了海量城市建筑物边更新边绘制效果，She 等(2017)在绘制贴地矢量线和矢量面时，将复杂的矢量生成过程与绘制过程进行并行处理，从而有效提高最终绘制帧率。然而，以上方法本质上只是对场景加载过程进行了优化，应用于虚拟现实环境时，左右相机的绘制工作仍然集中在单一线程中串行进行，没有从根本上解决虚拟现实双目绘制效率较低的问题。

4.2.2 图形流水线并行方法

图形流水线并行，即构建多个图形流水线的同时进行场景绘制。所谓图形流水线即场景从几何图元到帧图像的转换过程，主要包括场景挑拣、发送绘制指令、栅格化三大步骤。图形流水线并行方法又可细分为基于屏幕空间的并行绘制和基于模型空间的并行绘制(Molnar et al.,1994)。

1. 基于屏幕空间的并行绘制方法

基于屏幕空间的并行绘制又称先拣分(Sort-First)方法。它通过切割屏幕实现绘制任务的分解(Moloney et al.,2011)。如图 4.3 所示，整个屏幕切割成互不重叠的 8 个部分，每部分交由不同的图形流水线进行绘制，最后对生成的帧图像进行拼接得到最终绘制结果。因此先拣分方法十分适用于具有多个屏幕(相机)的可视化系统，如投影墙(tiled display wall)的绘制效率优化(Lai et al.,2015; Kido et al.,2016)。

图 4.3 投影墙

先拣分方法在虚拟现实中也有比较成熟的应用，如图 4.4(a)所示，洞窟式虚拟现实(cave automatic virtual environment,CAVE)本质上就是一种基于投影墙的虚拟现实系统(Muhanna,2015)，通过将多个显示屏环绕用户构建沉浸式虚拟场景。由于每块屏幕显示的内容相互独立，因此可以将每块屏幕的绘制任务分别交由不同计算机执行，最后通过网络协议实现多屏幕的帧同步（Avveduto　et al.，2016；李朝奎　等，2018）。

然而，由于洞窟式虚拟现实存在设备昂贵、规模庞大等问题，限制了其推广和发展，因此目前常用的虚拟现实系统主要是图4.4（b）的可穿戴式虚拟现实，即HTC VIVE、Oculus、PSVR等通过头盔显示器模拟双目视觉的虚拟现实系统（Cordeil　et al.，2017）。与洞窟式虚拟现实的环绕式屏幕相比，头盔显示器只有对应人左右眼的两个屏幕，由于左右眼的视域存在交叉，两个屏幕的显示内容也存在重叠（Kaehler　et al.，2016；高源　等，2016；董力维　等，2017）。而现有的先拣分方法很少考虑这些重叠区域的一致性问题，直接应用时容易产生立体匹配错误问题。

（a）洞窟式虚拟现实

（b）可穿戴式虚拟现实

图4.4　虚拟现实系统

2. 基于模型空间的并行绘制方法

基于模型空间的并行绘制又称后拣分（Sort-Last）方法。它通过切割场景实现绘制任务的分解（Fang　et al.，2010）。假如场景中存在A、B两个物体，将其分别交由不同的图形流水线绘制，最后对生成的帧图像进行合并得到最终绘制结果。与先拣分方法相比，后拣分方法主要研究难点在于如何对最后生成的帧图像进行快速合并（Biedert　et al.，2017）。目前主要有直接托收（direct send）（Eilemann　et al.，2007），二进制交换（binary swap）（Ma　et al.，1994），k基数排序（radix-k）（Kendall　et al.，2010）三类，但这些方法都要求三维场景事先按照统一的数据结构进行组织，例如科学可视化中的三维场景统一按照体素模型进行组织与建模。与之相比，虚拟地球的场景组织与建模方式更加复杂，根据2.2节可知，地形采用瓦片四叉树模型组织与建模（Cozzi　et al.，2011），城市建筑采用索引四叉树模型组织与建模（Huang　et al.，2018），矢量采用点、线、面组织与建模（She　et al.，2017）。这种多源异构的数据组织与建模特点限制了后拣分方法在虚拟地球中的应用。

除此之外，并行绘制算法具体实现方式也是有待研究的内容，现有方法基本上都是通过搭建集群实现并行绘制(Avveduto et al.,2016)。考虑到可穿戴式虚拟现实系统一般都在单机环境下运行,仅为了提高效率而专门搭建集群,无疑会极大地增加系统的应用成本。

4.3 双目并行绘制模型

为实现沉浸式虚拟地球的双目并行绘制,需要对整个绘制工作进行分解,以便决定哪些绘制步骤可以并行执行。本书对现有虚拟地球所采用的离核绘制模型进行改进(见 2.3.1 小节),将整个沉浸式虚拟地球的绘制工作分解为相机移动、场景更新、场景优化、场景绘制、场景加载、纹理保存、双目显示七大步骤。

(1)相机移动。更新左右相机的观察位置与朝向。

(2)场景更新。判断场景中哪些物体(场景节点)可以直接绘制,哪些需要加载,哪些需要删除(一般通过视锥体裁剪实现)。

(3)场景优化。优化场景的绘制内容,例如对场景节点的绘制顺序进行调整(Käser et al.,2017),使具有相同绘制状态的场景节点能够放在一起绘制,从而有效减少了绘制指令调用次数。该步骤在场景更新后执行,一般情况下可省略。

(4)场景绘制。将需要被绘制的场景节点转换绘制指令并发送给 GPU 进行绘制。该步骤一般在场景优化或场景更新后执行。

(5)场景加载。从外存中加载并解析数据,构建用于绘制的场景节点(如建筑物模型、地形瓦片等)。

(6)纹理保存。通过渲染到纹理(render to texture,RTT)技术将绘制生成的帧图像以纹理的形式保存起来,以便后续与虚拟现实设备进行关联。该步骤主要由 GPU 负责完成。

(7)双目显示。调用虚拟现实设备的接口,将帧图像(以纹理形式保存)传递到虚拟现实设备的显示屏进行显示。

其中,场景更新、场景优化、场景绘制三个步骤为图形流水线的核心步骤,本书参照先拣分方法设计思路,将虚拟现实左右相机的图形流水线步骤进行分离,最终设计的双目并行绘制模型如图 4.5 所示。

整个沉浸式虚拟地球的绘制工作从相机移动开始,到双目显示结束。当相机移动步骤执行完毕后,马上开启两个绘制线程执行图形流水线步骤(场景更新、场景优化、场景绘制),同时通过 GPU 执行纹理保存步骤,最后调用虚拟现实设备接口,将保存的纹理图片发送到虚拟现实屏幕进行双目显示。

为了避免复杂的场景调度与构建过程对绘制帧率的影响,参照数据并行方法的设计思想,专门为左右相机各配置一个数据线程执行场景加载步骤,并通过场景更新步骤将构建后的场景节点加入到待绘制的场景中。

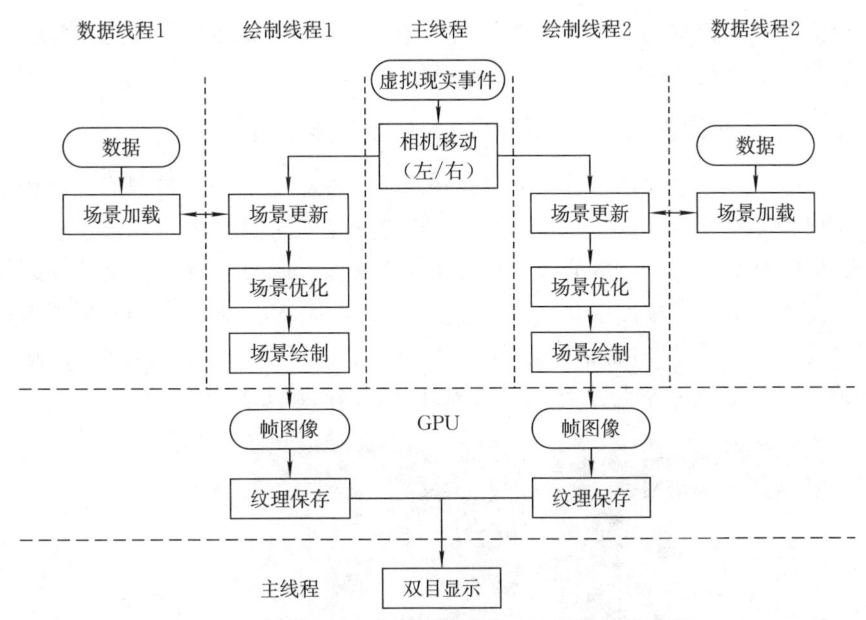

图 4.5　面向沉浸式虚拟地球的双目并行绘制模型

为了实现单机环境下的双目并行绘制，本书还做了以下工作：

(1)以 P-Buffers 作为绘制线程的绘制目标。P-Buffers 可以看作一种不可见的虚拟窗口，常用于实现离屏渲染，由于每个 P-Buffers 的渲染环境(rendering context)相互独立，因此以 P-Buffers 作为绘制目标，可以保证两个线程并行绘制时互不影响。

(2)采用 Barrier 技术对绘制线程进行同步。Barrier 是多线程编程的基本技术之一，常用于实现不同线程的同时堵塞和开启，以达到不同线程同步运行的目的。本书通过该技术在场景更新前和场景绘制后各进行一次绘制线程同步，以避免出现帧异步问题。如果采用双缓存机制，在发送 Swap Buffer 的绘制指令前后也需要各进行一次绘制线程同步。

为了提高沉浸式虚拟地球的绘制效率，本书将整个沉浸式虚拟地球的绘制工作交由五个线程(一个主线程、两个绘制线程、两个数据线程)并行完成，同时采用了图形流水线并行方法和数据并行方法两种并行绘制方式。在具体实现上，则通过 P-Buffers 技术保证左右相机的绘制工作相互独立，通过 Barrier 技术来实现双目帧同步。

4.4　双目场景分辨率同步算法

通过前述双目并行绘制模型，实现了沉浸式虚拟地球的双目并行绘制，尽管这种并行绘制方式能够有效提高沉浸式虚拟地球绘制效率，却没有解决因虚拟现实左右相机视点位置不同而导致的双目场景分辨率不一致性问题，因此需要在双目绘制模型基础上设计一个双目场景分辨率同步算法。

4.4.1 面向瓦片四叉树模型的双目场景同步算法

现有虚拟地球主要基于瓦片四叉树模型实现全影像、地形、倾斜影像等场景的建模，因此解决沉浸式虚拟地球中的双目场景分辨率同步问题的关键在于如何对瓦片四叉树模型进行分辨率同步。如图 4.6 所示，瓦片四叉树模型通过分裂或聚合瓦片实现场景分辨率的变化，假设左相机中的瓦片 A，由于离右相机更近而在右相机中进行了分裂，这时就必须强制左相机中瓦片 A 也进行分裂，或者强制右相机中瓦片 A 的子瓦片进行聚合，以保证双目场景分辨率的一致。

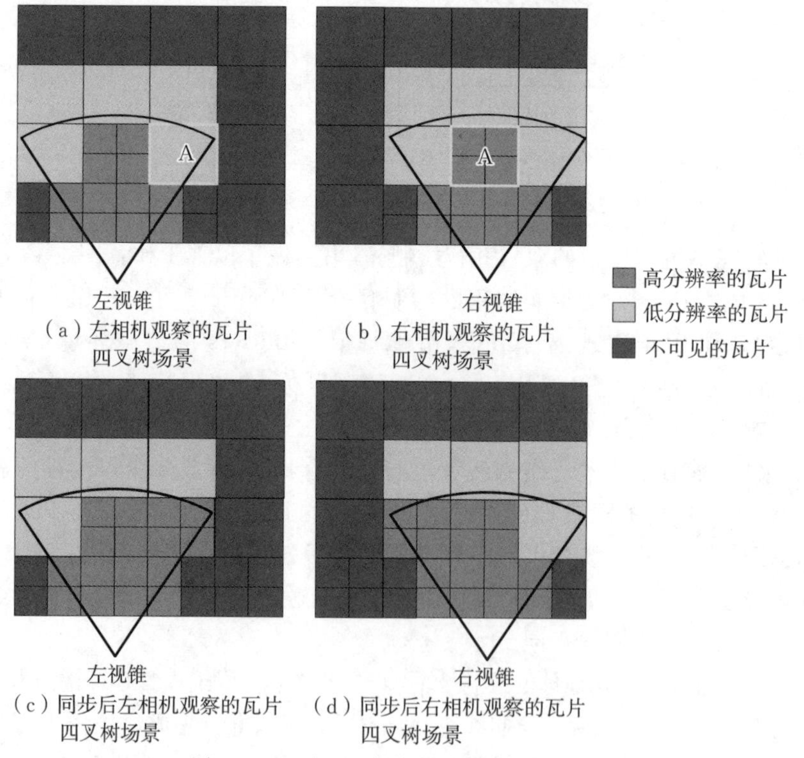

图 4.6　瓦片四叉树场景分辨率同步处理

为了达到以上目的，本书针对瓦片四叉树模型特点，提出了一种双目场景分辨率同步算法，该算法的设计思想主要包括三点。

(1)为了与 4.3 节设计的双目并行绘制模型相匹配，设计的算法要求支持并行计算，即场景分辨率同步过程由左右相机各自独立执行，且相机的执行顺序不会对同步结果造成影响。

(2)为了避免视觉丢失，统一将低分辨率场景转换为高分辨率场景以实现分辨率同步，即如图4.6所示，将左相机中瓦片A进行分裂，而不是将右相机中瓦片A的子瓦片进行聚合。

(3)考虑到需要进行同步处理的瓦片必定属于两个相机都可见的瓦片，因此当其中一个相机进行了同步处理，其同步结果要求能够直接被另一个相机使用，以避免重复计算。

其详细流程如算法4.1所示。

算法4.1 双目场景分辨率同步算法

```
输入:当前相机 Camera1
     另一个相机 Camera2
     瓦片四叉树根节点 Root
     共用瓦片集合 SharedTileSet
输出:共用瓦片集合 SharedTileSet
     私有瓦片集合 PrivateTileSet
步骤 1 Set Tile = Root
步骤 2 If Tile 不在 Camera1 可视范围内:Return
步骤 3 为 Tile 添加互斥锁
步骤 4 If Tile 满足分裂条件 or Tile.Splited 等于 true:Go to 步骤 5(a)
       Else:Go to 步骤 5(b)
步骤 5(a) Set Tile.Splited = true
          If Tile.Count 等于 1
              For each Child in Tile
                  If Child 在 Camera2 可视范围内
                      Set Child.Count = Child.Count + 1
              End For
              Set Tile.Count = 0
          End If
步骤 5(b) Set Tile.Count = Tile.Count + 1
          If Tile.Count 等于 2
             将 Tile 插入到 SharedTileSet 中
          Else
             将 Tile 插入到 PrivateTileSet 中
步骤 6 解除 Tile 的互斥锁
步骤 7 If Tile.Splited 等于 true
            For each Child in Tile
                Set Tile = Child then Go to 步骤 2
            End For
       End If
```

结合算法 4.1 可知,为了满足第一点设计思想,整个算法本质上就是一个瓦片四叉树的遍历、挑拣和收集过程,因此可以放到每个相机的场景更新步骤中进行,当左右相机需要对同一瓦片进行访问时,通过添加互斥锁的方式保证线程安全。

为了满足第二点设计思想,为每个瓦片添加了一个布尔变量 *Splited* 用于标识瓦片分裂状态,一旦该值被设为 true,那么后续相机处理时,无论是否满足分裂条件都会被强制进行分裂。

为了满足第三点设计思想,将相机单独可见的瓦片与公共可见的瓦片分开进行收集,即定义了一个共用瓦片集合 *SharedTileSet* 专门收集公共可见的瓦片,一旦某瓦片确定为公共可见瓦片(即 *Count* 值为 2 时),则将其插入 *SharedTileSet* 中,最终每个相机待绘制的瓦片为 *SharedTileSet* 中的瓦片加上 *PrivateTileSet* 中 *Count* 值为 1 的瓦片,其中 *Count* 为整数变量,用于标识瓦片被几个相机可见。

4.4.2 面向索引四叉树模型的双目场景同步算法

通过算法 4.1 实现了瓦片四叉树模型的分辨率同步,由 2.2.1 小节可知,虚拟地球中的三维城市场景一般采用四叉树模型加单体层次细节模型组成的索引四叉树模型进行场景组织与建模,这种索引四叉树模型通过层次细节模型实现了单体建筑物的多分辨率渲染,再通过四叉树数据模型实现多个层次细节模型分级分块管理。当处理这类数据时,光靠算法 4.1 往往无法满足要求,本书在算法 4.1 基础上补充一个针对单体层次细节模型分辨率同步算法。

在设计该算法时,考虑到在算法 4.1 中已经将公共可见的瓦片(同步后的瓦片)全部放入 *SharedTileSet* 中,而需要进行分辨率同步的层次细节模型必定包含在这些公共可见的瓦片中,因此只要让左右相机分别遍历 *SharedTileSet* 中的瓦片,然后取出这些瓦片中的层次细节模型,并为这些层次细节模型设置相同的绘制级别,就能实现三维城市场景的模型分辨率同步。

经过算法 4.1 的预处理,待同步的层次细节模型总数也基本确定,因此可以采用一种更加简单的并行计算策略与双目并行绘制模型相匹配:将所有待同步的层次细节模型按照数量平均分成两份,让左相机的绘制线程处理第一部分,右相机的绘制线程处理第二部分。由于两个相机处理的数据不同,不用考虑线程安全问题,同时两个相机处理的数据总量一致,也不用考虑负载均衡问题。

其详细流程如算法 4.2 所示。

算法 4.2 面向索引四叉树模型的双目场景同步算法

输入:左相机 *CameraLeft*

右相机 *CameraRight*

共用瓦片集合 *SharedTileSet*

共用模型集合 *SharedModelSet*

左相机私有模型集合 *PrivateModelSetLeft*

```
    右相机私有模型集合 PrivateModelSetRight
输出:共用模型集合 SharedModelSet
    左相机私有模型集合 PrivateModelSetLeft
    右相机私有模型集合 PrivateModelSetRight
For each Tile in SharedTileSet
   For each LodModel in first/second half of Tile
步骤 1 计算 LodModel 在 CameraLeft 中的绘制级别 LevelLeft
       计算 LodModel 在 CameraRight 中的绘制级别 LevelRight
步骤 2 If LodModel 在 CameraLeft 和 CameraRight 可视范围内
           Go to 步骤 3(a)
      Else If LodModel 在 CameraLeft 可视范围,但不在 CameraRight 可视范围内
           Go to 步骤 3(b)
      Else If LodModel 在 CameraRight 可视范围,但不在 CameraLeft 可视范围内
           Go to 步骤 3(c)
步骤 3(a) Set Level = Max(LevelLeft,LevelRight)
          取出 LodModel 中绘制级别为 Level 的 Model
          将 Model 插入到 SharedModelSet 中
步骤 3(b) 取出 LodModel 中绘制级别为 LevelLeft 的 Model
          将 Model 插入到 PrivateModelSetLeft 中
步骤 3(c) 取出 LodModel 中绘制级别为 LevelRight 的 Model
          将 Model 插入到 PrivateModelSetRight 中
   End for
End for
```

最终每个相机待绘制的 *Model* 由三部分构成：

(1)从 *PrivateTileSet* 中按照正常层次细节模型挑拣方法收集得到 *Model*。

(2)通过算法 4.2 收集到的私有模型集合 *PrivateModelSetLeft* 和 *PrivateModelSetRight* 中的 *Model*。

(3)通过算法 4.2 收集到的共用模型集合 *SharedModelSet* 中的 *Model*。

4.5　实验与分析

为了验证本书提出方法的有效性，基于开源虚拟地球平台 osgEarth 进行实验，其中软件环境为 Window 10 64 位、OpenGL、OpenVR，硬件环境为 Intel(R) Core(TM) i7-8750H CPU、NVIDIA GeoForce GTX 1050Ti 显卡、8 GB 内存及 HTC VIVE 头盔式虚拟现实系统。

实验数据中，全球影像、地形数据采用 ReadMap 发布的 TMS 瓦片数据服务，

该数据基于全球等经纬度全球离散格网进行数据剖分，共包含 1～13 级瓦片。城市建筑数据则采用中国贵州某地区的三维城市模型，同样基于全球等经纬度全球离散格网进行数据剖分，共包含 12～17 级瓦片，每个瓦片中的单体建筑物均包含三级层次细节模型结构，数据总量达 25 GB。

4.5.1　绘制模型效率对比分析

为了验证双目并行绘制模型能否有效提高沉浸式虚拟地球的绘制效率，以虚拟地球中的全球影像地形场景为实验对象，在不考虑场景优化情况下，比较现有虚拟地球中的绘制模型（基于 osgEarth 绘制模型实现，见 2.3.1 小节）与双目并行绘制模型在绘制不同数量的地形瓦片时所需的帧时间，对比结果如图 4.7 所示。其中，每个地形瓦片由 17×17 个顶点的格网及 256×256 像素的纹理构成。

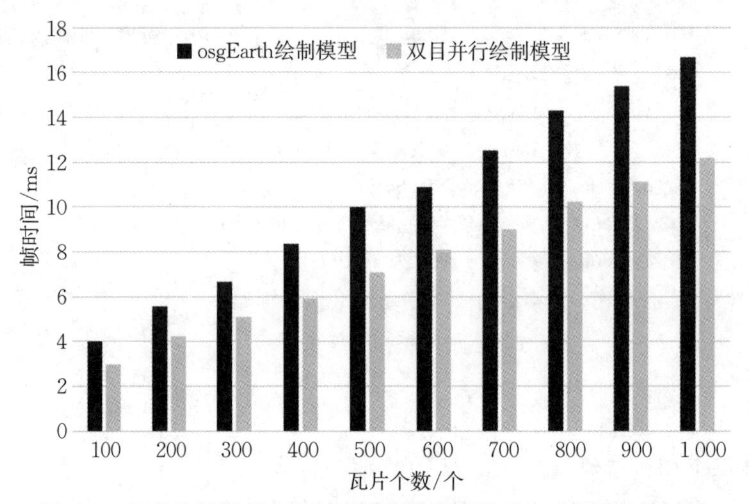

图 4.7　两种绘制模型在绘制不同数量的地形瓦片时所需的帧时间

如图 4.7 所示，双目并行绘制模型较现有虚拟地球的绘制模型来说，帧时间平均减少约 27%，尤其是随着场景复杂度（地形瓦片数量）增加，减少程度越明显。这主要是因为现有虚拟地球的绘制模型一般只是将数据加载过程与图形绘制过程进行了并行化处理，即只考虑了数据并行。与之相比，本法不仅考虑了数据并行，同时沿用先拣分方法的设计思想，为虚拟现实左右相机各开启一个图形流水线进行绘制，因此可以更好地发挥多核 CPU 并行计算能力。

然而，帧时间减少 27% 的实际值与帧时间减少 50% 的理想值还是存在差距。为了分析其原因，表 4.1 列出了绘制 1 000 个地形瓦片时两种绘制模型各绘制步骤（主要是图形流水线步骤）的时间消耗。

表 4.1　两种绘制模型各绘制步骤的时间消耗　单位:ms

绘制步骤	osgEarth 绘制模型	双目并行绘制模型
相机移动	1.1	1.2
场景更新 1	3.1	3.3
场景绘制 1	5.0	7.3
场景更新 2	2.9	3.2
场景绘制 2	4.3	6.8

其中,场景更新 1 与场景绘制 1 为左相机的绘制步骤,场景更新 2 与场景绘制 2 为右相机的绘制步骤,将以上数字以图形化形式表达后的效果如图 4.8 所示。

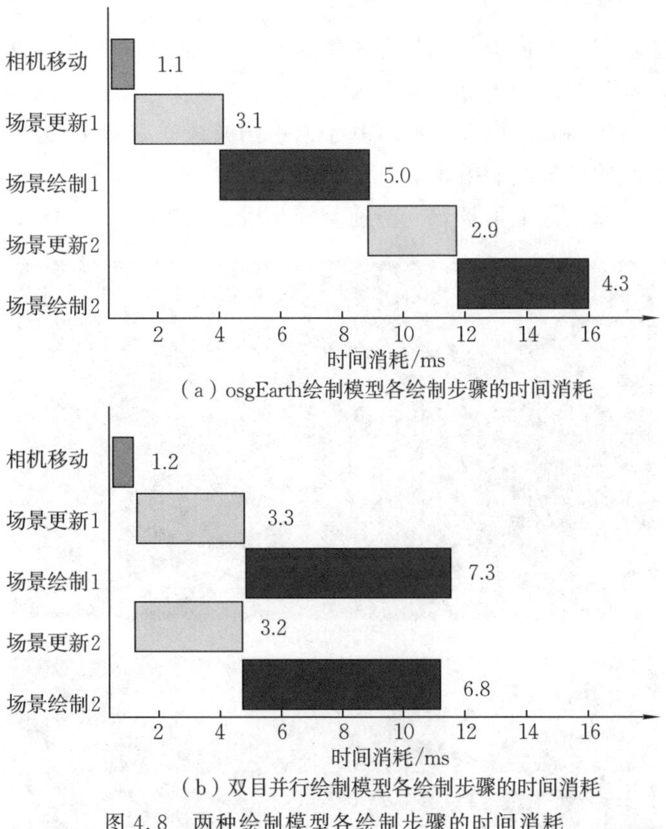

(a) osgEarth绘制模型各绘制步骤的时间消耗

(b) 双目并行绘制模型各绘制步骤的时间消耗

图 4.8　两种绘制模型各绘制步骤的时间消耗

对于现有虚拟地球的绘制模型,各个绘制步骤按照串行的方式依次执行,最终帧时间约等于各绘制步骤的时间消耗的累积值。本书提出的双目并行绘制模型则将不同相机的绘制步骤按照并行的方式执行,使得最终帧时间有所降低。但具体到每个绘制步骤(主要是场景绘制步骤)时,并行执行的时间消耗则要远高于串行执行的时间消耗,如场景绘制 1 在双目并行绘制模型中的时间消耗为 7.3 ms,而在现有虚拟地球绘制模型中仅为 5.0 ms,这可能是因为场景绘制的主要工作是向 GPU 发生绘制指令,由于在单机环境下,整个系统只有一个 GPU 运行,因此不同 CPU 核心与同一 GPU 进行通信时容易出现堵塞,最终影响并行绘制效果。

需要说明的是,图 4.8 只列出相机移动、场景更新 1、场景绘制 1、场景更新 2、场景绘制 2 这五个核心绘制步骤的执行时间,其总执行时间要略低于帧时间(帧时间还受纹理保存、双目显示、场景加载等绘制步骤的影响)。

如前所述,本书提出的双目并行绘制模型虽然无法将帧时间减少 50%(理想值),但较现有虚拟地球中的绘制模型,其绘制效率仍有明显提升。

4.5.2 同步算法效果测试分析

为了验证本书设计的双目场景分辨率同步算法(算法 4.1 和算法 4.2)能够保证左右相机观察到的虚拟地球场景分辨率一致,本书以全球影像地形场景(基于瓦片四叉树模型构建)和三维城市场景(基于索引四叉树模型构建)为实验对象,对比同步前与同步后的场景绘制效果。

图 4.9 为全球影像地形场景同步前与同步后的效果。

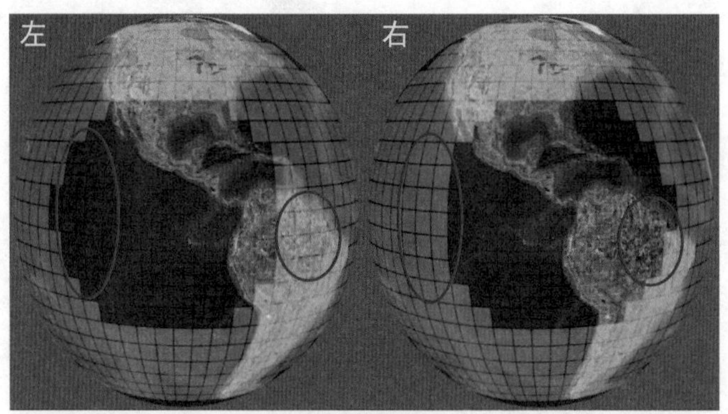

(a) 同步前

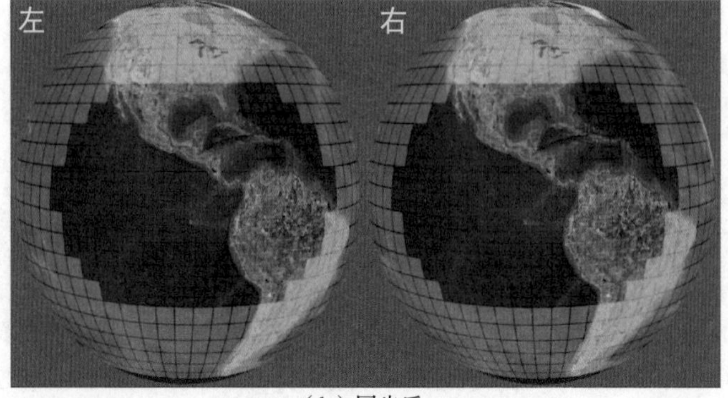

(b) 同步后

图 4.9 全球地形场景同步前后的结果对比

为了突出差异，将不同分辨率的地形瓦片以不同颜色进行区分。可以看出，同步前由于左右相机视点位置的不同，地球上相同区域在左右相机中可能以不同分辨率的地形瓦片表示，同步后这些区域则统一用最高分辨率的地形瓦片表示。

图 4.10 为三维城市场景同步前与同步后的效果。与图 4.9 类似，为了突出差异，将层次细节模型（单体建筑物）的不同绘制级别以不同颜色进行标识。可以看出，同步前圆圈中的层次细节模型在左右相机中采用不同绘制级别进行绘制，同步后则统一采用最高绘制级别进行绘制。

（a）同步前

（b）同步后

图 4.10　三维城市场景同步前后结果对比

4.5.3　同步算法效率测试分析

为了验证双目场景分辨率同步算法（算法 4.1 和算法 4.2）的同步计算过程不会对绘制效率造成太大影响，对同步前和同步后场景更新步骤的时间消耗进行比较（根据 4.4 节可知同步算法在场景更新步骤中进行）。

表 4.2 记录了采用算法 4.1 对全球影像地形场景进行同步前后的场景更新步

骤的时间消耗的变化。其中,以地形瓦片个数表示场景复杂度的变化,场景更新的时间消耗则取左右相机时间消耗的最大值。可以发现,当绘制 1 000 个地形瓦片时,因同步算法造成场景更新的时间消耗的增加只有 0.4 ms,但据表 4.1 可知,绘制 1 000 个地形瓦片时的帧时间为 12.1 ms,因此基本可以忽略。

表 4.2 全球地形场景同步前后场景更新步骤的时间消耗比较

地形瓦片数量/个	200	400	600	800	1 000
同步前的时间消耗/ms	0.8	1.6	2	2.6	3.1
同步后的时间消耗/ms	0.8	1.6	2.1	2.8	3.5

表 4.3 记录了采用算法 4.1 和算法 4.2 对三维城市场景进行同步前后场景更新步骤的时间消耗的变化,以层次细节模型个数表示场景复杂度的变化。与表 4.2 类似,绘制 5 000 个层次细节模型时,因同步算法造成的场景更新的时间消耗的增加只有 0.9 ms,而场景更新步骤的原始时间消耗为 15.0 ms,基本可以忽略。

表 4.3 三维城市场景同步前后场景更新步骤的时间消耗比较

层次细节模型数量/个	1 000	2 000	3 000	4 000	5 000
同步前的时间消耗/ms	5.6	7.7	10.6	12.5	15.0
同步后的时间消耗/ms	7.3	8.9	11.2	13.1	15.9

分析可知,本书提出双目场景分辨率同步算法(算法 4.1 和算法 4.2)能够有效解决沉浸式虚拟地球中双目场景分辨率不一致的问题,且同步算法使用也不会对整体绘制效率造成太大影响。

第5章　面向沉浸式虚拟地球的限时可视化方法

5.1 概　述

眩晕感是影响用户虚拟现实体验的重要因素，尤其是在沉浸式虚拟地球这种大范围三维场景中浏览时，眩晕现象会变得更加明显。如何减缓沉浸式虚拟地球浏览过程中的眩晕感，是本书研究的重点内容。

根据现有研究可知，造成眩晕的主要原因在于用户的视觉器官与前庭器官之间的生物信号出现了不匹配(Stanney　et al.,2014；蔡力　等,2016；潘磊磊　等,2016)，即用户的运动感知跟不上视觉感知，或视觉感知跟不上运动感知。

针对运动感知跟不上视觉感知所产生的眩晕现象，目前主要有两种解决方案。

(1)电流前庭刺激(Maeda　et al.,2005)。它通过在视觉变化过程中，对前庭器官施加电流，刺激前庭器官做出反应，即通过模拟运动感知信号使运动感知与视觉感知相匹配。这种方式主要是从虚拟现实硬件层面上进行改进，目前绝大部分消费级虚拟现实系统都没有提供这一功能。

(2)调整显示内容。例如在显示的场景中添加一个虚拟的鼻子，或者对用户的视场角进行收缩(Kim　et al.,2018)。Google Earth VR 用于减缓虚拟现实眩晕所采用的隧道视觉的技术(Käser　et al.,2017)，就是一种视场角收缩方法。它让用户视场角在移动过程自动进行收缩，从而舍弃边缘场景图像，降低用户对三维场景的注意力，这类方法本质上是通过降低视觉敏感度来减少用户运动感知与视觉感知之间的延迟。这类方法实现比较简单，是目前应用最为广泛的方法。

针对视觉感知跟不上运动感知所产生的眩晕现象，最好的解决方法就是对帧率进行稳定，使其尽可能不低于屏幕显示器的刷新率，当帧率无法满足要求时，则需要采用一些特殊手段提高帧率。异步时间扭曲(asynchronous time warp, ATW)方法(van Waveren,2016)在目前的虚拟现实领域研究较多，其本质是一种中间帧生成技术，它会根据当前最新的头部位置，对上一帧进行扭曲处理产生中间帧。然而，高质量的异步时间扭曲方法需要较高的计算量，现有消费级虚拟现实设备往往无法满足要求，同时对于沉浸式虚拟地球来说，其帧率的不稳定更多是由虚拟地球场景的复杂性和用户浏览的不确定性导致的，比起采用异步时间扭曲方法进行帧率稳定，直接对场景绘制内容进行优化更能从根本上解决问题。

限时可视化就是一种通过实时优化场景绘制内容来稳定帧率的方法(Funkhouser et al.,1993; Zhang et al.,2007; 罗丹,2009;Dong et al.,2015),它通过预先估算绘制时间,然后根据预估的绘制时间动态地调整场景绘制内容,以保证最终场景能够在限定时间内完成所有绘制。早期限时可视化研究主要用于解决因不同设备的性能差异导致系统效率不稳定的问题,因此又称适应性可视化,即适应不同的计算机设备性能(董天阳 等,2013; 胡亚 等,2018)。但考虑其在稳定帧率上有着无可比拟的优势,如果能够将其应用于沉浸式虚拟地球,可有效减少视觉感知与运动感知之间的延迟,进而达到减缓虚拟现实眩晕的目的。

5.2 限时可视化方法

限时可视化的概念最早由 Funkhouser 提出,限时可视化方法通过预先估算绘制时间,然后根据预估的绘制时间动态地调整场景绘制内容,以保证最终场景能够在限定时间内完成所有绘制(Funkhouser et al.,1993),该方法具体又可细分为绘制时间估算和场景动态优化两部分内容。

针对运动感知跟不上视觉感知所产生的眩晕现象,目前已经有较为成熟的解决方法,但是针对视觉感知跟不上运动感知所产生的眩晕现象,相关研究还不够成熟。本书考虑将限时可视化技术应用于沉浸式虚拟地球,提出一种面向沉浸式虚拟地球的限时可视化方法。该方法主要包括两部分内容:首先,设计一种绘制时间估算模型,该模型考虑沉浸式虚拟地球数据结构与绘制过程对绘制时间的影响,通过建立统计模型实现沉浸式虚拟地球绘制时间精确估算;然后,提出一种场景动态优化算法,该算法能够根据估算得到的绘制时间,动态地对场景的层次细节模型结构进行调整,保证最终场景在限定时间内完成绘制,从而达到稳定绘制帧率、减缓虚拟现实眩晕的目的。

5.2.1 绘制时间估算模型

一个对象的实际绘制时间受多种复杂因素共同影响,可以通过一些简化假设手段对其进行大致的估算。这种估算方式效率较高且能适用于大多数系统。

Funkhouser 等(1993)以多边形个数 $\#poly$ 和顶点个数 $\#vert$ 为自变量,通过建立多元回归分析模型估算场景的绘制总时间即帧时间 $T_{帧}$

$$T_{帧} = a \cdot \#poly + b \cdot \#vert \tag{5.1}$$

式中,a、b 为回归系数,通过回归分析获得。

早期图形系统都较为简单,Funkhouser 设计的时间估算模型能够有较好的估算精度。随着图形系统的数据结构、绘制过程(绘制模型)变得越来越复杂,Funkhouser 提出的绘制时间估算模型已经无法满足绝大部分应用需要,对此,不少专家学者针对各自应用领域进行了改进。

Zhang 等(2007)针对三维城市模型的纹理复杂度大于几何复杂度的特点，设计如下绘制时间估算模型

$$T_{帧} = a \cdot \# vert + b \cdot \# pixel + c \cdot \# tex + d \cdot \& tex \tag{5.2}$$

式中，$\# vert$ 为顶点个数，$\# pixel$ 为像素个数，$\# tex$ 为纹理个数，$\& tex$ 为纹理大小，a、b、c、d 为回归系数。可以看出，Zhang 等认为引入更多的自变量参数可以更全面对绘制时间进行估算。

与之相反，Dong 等(2015)认为引入过多自变量参数会导致回归模型难以拟合，只选择少量有代表性的自变量参数，其针对海量植被场景设计的绘制时间估算模型如下

$$T_{帧} = a \cdot \# vert + b \cdot \& tex \tag{5.3}$$

式中，$\# vert$ 为顶点个数，$\& tex$ 为纹理大小，a、b 为回归系数。

以上提到的绘制时间估算模型本质上都属于经验模型，区别只在于自变量参数的选择，即只考虑待绘制物体的数据结构对绘制时间的影响，但实际上图形绘制过程(绘制模型)也会对绘制时间造成较大影响，以上方法都没有对其进行研究。

考虑到整个图形绘制过程本质上可以看作 CPU 过程和 GPU 过程两个并行独立部分，最终绘制时间由速度最慢的部分决定，因此 Wimmer 设计的时间估算模型如下

$$T_{帧} = T_{系统} + \max(T_{CPU}, T_{GPU}) \tag{5.4}$$

式中，$T_{系统}$ 为执行系统任务的时间消耗，可看作固定值，T_{CPU} 为每帧中 CPU 的执行时间，T_{GPU} 则为每帧中 GPU 的执行时间。

考虑 GPU 主要负责处理顶点的坐标转换和图形的栅格化工作，Wimmer 设计的 GPU 执行时间的估算模型如下

$$T_{GPU} = a \cdot \# vert + b \cdot \# pixel \tag{5.5}$$

式中，$\# vert$ 为顶点个数，$\# pixel$ 为像素个数，a、b 为回归系数。

不同系统的 CPU 绘制过程区别较大，Wimmer 没有给出具体 CPU 执行时间的估算模型，这部分内容需要研究人员根据自己应用需求进行补充。与之前的研究相比，Wimmer 考虑了图形绘制过程对绘制时间的影响，属于一种半经验模型，其应用更具有普遍性。

综上所述，现有的绘制时间估算模型基本都是通过多元回归分析建立的统计模型，模型设计时需要考虑待绘制物体的数据结构及系统图形绘制过程对绘制时间的影响。对于沉浸式虚拟地球来说，其最大特点在于采用了双目并行绘制机制进行图形渲染，与单目绘制机制在绘制过程上区别较大，使现有方法无法直接应用于沉浸式虚拟地球。因此如何设计适用于沉浸式虚拟地球的绘制时间估算模型，是本书研究的重点内容。

5.2.2 场景动态优化算法

场景动态优化是限时可视化最为核心的内容，主要负责实时对场景的绘制内容进行调整，以保证最终场景能够在限定时间内完成所有绘制。不同场景通常采用不同的数据模型进行场景建模，需要设计不同的场景动态优化算法。由于目前绝大部分场景都是通过离散层次细节模型进行建模，如图 5.1 所示，这是一种通过置换实现物体多分辨率表达的数据模型。针对离散层次细节模型设计的场景动态优化算法是目前的主流，例如最早 Funkhouser 等(1993)采用的方法就是一种针对多个离散层次细节模型设计的场景动态优化算法。

三角形个数：640
纹理个数：1
(a) 绘制精度较低

三角形个数：2 697
纹理个数：47
(b) 绘制精度较高

图 5.1 离散层次细节模型

需要说明的是，Funkhouser 方法并非简单地对层次细节模型的绘制级别进行降级来减少绘制时间，而是在保证绘制总时间低于限定时间的前提下，为每个物体选择一个最优的绘制级别，使得绘制这些物体得到的视觉收益尽可能最大，即实现限定绘制时间下的最优绘制。然而层次细节模型最优选择问题本质上可以看作一种多选择背包问题(multiple choice knapsack problem，MCKP)，考虑到多选择背包问题求解的复杂度较高不适合实时进行，Funkhouser 采用一种按绘制目标重要性顺序遍历的贪婪算法逼近最优解，其算法核心思路如下：如果绘制时间大于限定时间，则对绘制目标按重要性从小到大进行遍历，逐个降低绘制等级；如果绘制时间小于限定时间，则按从大到小的顺序，逐个增加绘制等级。这种方式尽管实现简单，但容易造成大量不重要目标丢失(Mason，1999)。为了解决这一问题，Hernández 等提出了一种称为“罗宾汉”的算法，它首先通过一次遍历，计算场景中每个绘制目标的重要性(根据绘制目标包围盒投影在屏幕上的面积)，再根据重要性分配可用的绘制时间，在第二次遍历时，根据分配的可用绘制时间决定每个绘制目标的绘制级别。与 Funkhouser 方法相比，“罗宾汉”方法没有直接舍弃不重要绘制目标减少绘制时间，而是尽可能让每个绘制目标都有绘制机会，但相对地，重要绘制目标的绘制效果会受到一定的影响。从目前研究来看，大部分研究人员还是偏向于采用 Funkhouser 方法进行场景优化(Zhang et al.，2007；Dong et al.，2015)，即牺牲不重要目标但保证重要目标的绘制效果。

综上所述，场景优化算法与场景所采用的数据模型关系较大，针对不同的数据模型往往需要设计不同的场景动态优化算法。现有方法主要是针对离散层次细节模型设计的，沉浸式虚拟地球主要采用空间四叉树模型进行场景建模，具体又可细分为瓦片四叉树模型和索引四叉树模型。索引四叉树模型与离散层次细节模型类似，瓦片四叉树模型则与离散层次细节模型区别较大，主要通过瓦片的分裂聚合实现层次细节变换，使现有方法都无法直接应用。沉浸式虚拟地球进行场景调整时，还需要考虑左右眼相匹配的问题，否则会出现错误的立体显示效果，本书将重点解决以上问题。

5.3 绘制时间估算模型

对绘制时间进行估算是后续进行场景层次细节动态优化的前提，目前主要有以 Funkhouser 方法为代表的经验模型和以 Wimmer 方法为代表的半经验模型两类。半经验模型考虑了图形绘制过程(绘制模型)对绘制时间的影响，比经验模型应用更普遍。本书方法则是在 Wimmer 设计的绘制时间估算模型基础上，针对沉浸式虚拟地球的双目并行绘制模型进行的改进。

根据 Wimmer 设计的绘制时间估算模型，整个绘制时间分成 CPU 绘制时间 T_{CPU} 和 GPU 绘制时间 T_{GPU} 两部分，最终绘制时间 $T_{帧}$ 由 T_{CPU} 和 T_{GPU} 的最大值决定(见式(5.4))。其中，T_{GPU} 已经给出了具体估算模型(见式(5.5))，因此只要对 T_{CPU} 的估算模型进行补充即可。

为了更好地说明本书 T_{CPU} 估算模型的设计思路，首先对沉浸式虚拟地球所采用的双目并行绘制模型进行精简，只列出一些对绘制时间影响较大的绘制步骤，如图 5.2 所示，对 T_{CPU} 影响最大的绘制步骤主要有相机移动、场景更新、场景绘制三个。其中，相机移动负责决定虚拟现实相机所在位置，场景更新负责决定哪些场景可以被绘制，场景绘制负责将待绘制的场景转换为绘制指令，并发送给 GPU 做最后的图形渲染。

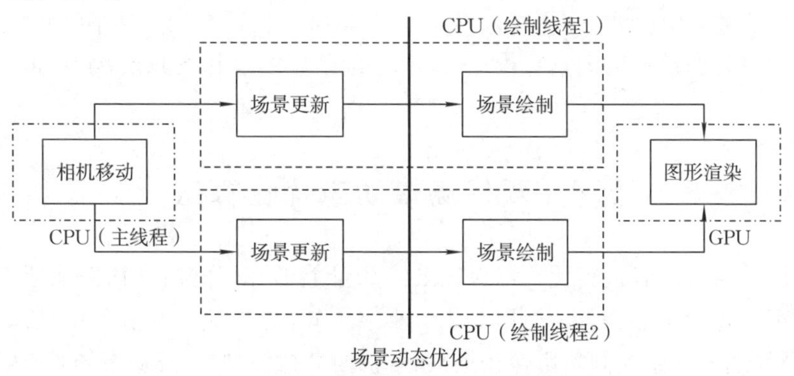

图 5.2　精简后的双目并行绘制模型

当绘制主线程执行完相机移动后，马上开启两个绘制线程，并行地执行场景更新和场景绘制步骤。因此CPU绘制时间可以看作相机移动的执行时间与两个绘制线程执行时间的最大值之和，即可以用如下公式表示

$$T_{\text{CPU}} = T_{\text{相机}} + \max[(T_{\text{更新1}} + T_{\text{绘制1}}), (T_{\text{更新2}} + T_{\text{绘制2}})] \tag{5.6}$$

式中，$T_{\text{相机}}$为相机移动的执行时间，$T_{\text{更新1}}$、$T_{\text{绘制1}}$分别为绘制线程1的场景更新、场景绘制的执行时间，$T_{\text{更新2}}$、$T_{\text{绘制2}}$分别为绘制线程2的场景更新、场景绘制的执行时间。

然而，根据4.5.1小节绘制模型效率对比实验可知，两个线程在执行场景绘制时，由于都需要和同一个GPU进行通信，并行效果并不理想，最终两个线程的场景绘制执行时间应该介于$\max(T_{\text{绘制1}}, T_{\text{绘制2}})$和$T_{\text{绘制1}} + T_{\text{绘制2}}$之间。为了避免最后估算时间低于实际绘制时间，对式(5.6)进行如下修改

$$T_{\text{CPU}} = T_{\text{相机}} + \max(T_{\text{更新1}}, T_{\text{更新2}}) + T_{\text{绘制1}} + T_{\text{绘制2}} \tag{5.7}$$

场景绘制主要负责发送绘制指令，其执行时间主要与发送的绘制指令有关。大部分图形系统都采用OpenGL显示列表的方式进行图形渲染，与几何相关的绘制指令在绘制物体第一次加载时就已经载入到GPU中。因此场景绘制只需要考虑绘制状态(对于沉浸式虚拟地球来说主要是纹理状态)和矩阵变换相关的绘制指令，场景绘制的执行时间$T_{\text{绘制}}$可以通过如下回归分析模型进行估算

$$T_{\text{绘制}} = a + b \cdot \#texture + c \cdot \#matrix \tag{5.8}$$

式中，a、b、c为回归系数，$\#texture$为纹理个数，$\#matrix$为矩阵个数。

类似地，相机移动步骤的执行时间$T_{\text{相机}}$和场景更新步骤的执行时间$T_{\text{更新}}$也可以通过建立回归分析模型的方式进行估算，考虑绘制时间估算的目的是为了给后续的场景层次细节动态优化算法提供调整依据，因此只需要对场景层次细节动态优化算法之后的绘制步骤进行估算(场景绘制)，而之前的步骤如相机移动、场景更新则可以直接采用计时器计时的方式得到其精确的绘制时间。

综上所述，式(5.4)、式(5.5)、式(5.7)、式(5.8)共同构成了本书针对沉浸式虚拟地球所设计的绘制时间估算模型，该模型也是后续进行场景层次细节动态优化的基础。

5.4 双目场景动态优化算法

对场景绘制内容进行优化以保证最终场景能够在限定时间内完成所有绘制，是限时可视化的核心内容。根据2.2.1小节可知，虚拟地球主要采用瓦片四叉树模型(影像地形场景和倾斜影像场景)和索引四叉树模型(三维城市场景)两种数据模型进行场景建模，本书分别设计了两种场景优化算法。

5.4.1　面向瓦片四叉树模型的双目场景动态优化算法

考虑瓦片四叉树模型主要通过瓦片聚合的方式降低分辨率提高绘制效率，同时根据 4.4.1 小节可知，由于执行了面向瓦片四叉树模型的双目场景同步算法，在场景更新步骤结束后，所有可见的瓦片会按照只有左相机可见、只有右相机可见、两个相机均可见三个状态分别放到三个瓦片集合中（*PrivateTileSetLeft*，*PrivateTileSetRight*，*SharedTileSet*）。因此本书设计的面向瓦片四叉树模型的双目场景优化算法的核心内容如下。

（1）预处理。从瓦片数据集中找到所有可以执行瓦片聚合操作的瓦片，将这些瓦片按照收益率由低到高的顺序插入瓦片聚合队列中。同时，根据 5.3 节的绘制时间估算模型，计算绘制瓦片数据集中所有瓦片所需要的 CPU 绘制时间和 GPU 绘制时间。

（2）场景动态优化。如果估算的 CPU 绘制时间和 GPU 绘制时间大于限定时间，则从瓦片聚合队列中逐个取出瓦片进行瓦片聚合操作，直到 CPU 绘制时间和 GPU 绘制时间低于限定时间。

（3）瓦片聚合操作。将瓦片及其兄弟瓦片从瓦片数据集中剔除，并将其父瓦片根据相机的可见状态放入到对应的瓦片数据集中，如果父瓦片也可以执行瓦片聚合操作，则将其根据收益率插入瓦片聚合队列中等待下一次聚合。

（4）瓦片聚合操作的执行条件。该瓦片存在父瓦片，同时其所有兄弟瓦片也全部存在于瓦片数据集中。

（5）瓦片收益率。其计算公式如下

$$Ratio = \frac{Pixel}{\max(\Delta T_{\text{CPU}}, \Delta T_{\text{GPU}})} \tag{5.9}$$

式中，*Pixel* 为瓦片及其兄弟瓦片的像素大小之和，通过瓦片及其兄弟瓦片最小包围球在屏幕上的投影面积计算得到；ΔT_{CPU}、ΔT_{GPU} 分别为瓦片及其兄弟瓦片聚合成父瓦片所减少的 CPU 绘制时间和 GPU 绘制时间。

详细流程如算法 5.1 所示。

算法 5.1　面向瓦片四叉树模型的双目场景动态优化算法

输入：共用瓦片集合 *SharedTileSet*
　　左相机的私有瓦片集合 *PrivateTileSetLeft*
　　右相机的私有瓦片集合 *PrivateTileSetRight*
　　限定的绘制时间 AT
　　通过计时器获取的已消耗的 CPU 绘制时间 $T_{消耗}$
输出：共用瓦片集合 *SharedTileSet*
　　左相机的私有瓦片集合 *PrivateTileSetLeft*
　　右相机的私有瓦片集合 *PrivateTileSetRight*

```
步骤 0 对瓦片进行排序并计算剩余可用的绘制时间
    For each Tile in SharedTileSet,PrivateTileSetLeft,PrivateTileSetRight
      计算 Tile 的 CPU 绘制时间 T_CPU、GPU 绘制时间 T_GPU
      获取 Tile 的父瓦片 Parent
      获取 Tile 所有存在于瓦片集中的兄弟瓦片 Siblings(包含 Tile)
      If Parent 已存在于聚合队列 Queue 中或者 Siblings 个数小于 4
          continue
      计算 Siblings 聚合为 Parent 所减少的 CPU 绘制时间 ΔT_CPU
      计算 Siblings 聚合为 Parent 所减少的 GPU 绘制时间 ΔT_GPU
      计算 Siblings 在屏幕上的像素大小 Pixel
      计算收益率 Ratio = Pixel / max(ΔT_CPU,ΔT_GPU)
      按照 Ratio 由低到高顺序将 Parent 插入到瓦片聚合队列 Queue 中
    End for
    累加 T_CPU 得到 CPU 总绘制时间 TT_CPU,累加 T_GPU 得到 GPU 总绘制时间 TT_GPU
    计算 CPU 剩余可用时间 AT_CPU
            AT_CPU = AT - T_used - TT_CPU - 步骤 0 所占用的时间
    计算 GPU 剩余可用时间 AT_GPU
                    AT_GPU = AT - TT_GPU
步骤 1 判断是否需要进行瓦片聚合
    If AT_CPU > 0 且 AT_GPU >0
        绘制时间在限定时间内,不需要进行瓦片聚合,结束算法
步骤 2 从瓦片聚合队列中获取第一个瓦片
    Set Tile = Queue.first
    从 Queue 中移除 Tile
步骤 3 从瓦片集中移除聚合前的瓦片
    Set Flag = 0
    获取 Tile 的子瓦片 Children
    For each Child in Children
        If Child in PrivateTileSetLeft
            从 PrivateTileSetLeft 中移除 Child,Flag = Flag + 1
        Else if Child in PrivateTileSetRight
            从 PrivateTileSetRight 中移除 Child,Flag = Flag - 1
        Else if Child in SharedTileSet
            从 SharedTileSet 中移除 Child
    End For
```

步骤 4 向瓦片集中插入聚合后的瓦片

If |*Flag*| 等于 4：将 *Tile* 插入到 *ShareTileSet*

Else if *Flag*>0：将 *Tile* 插入到 *PrivateTileSetLeft*

Else if *Flag*<0：将 *Tile* 插入到 *PrivateTileSetRight*

步骤 5 更新剩余可用的绘制时间

获取 *Children* 聚合为 *Tile* 所减少的 CPU 绘制时间 ΔT_{CPU}、GPU 绘制时间 ΔT_{GPU}

$AT_{\mathrm{CPU}} = AT_{\mathrm{CPU}} + \Delta T_{\mathrm{CPU}}$ − 步骤 1 至步骤 5 所耗费的执行时间

$AT_{\mathrm{GPU}} = AT_{\mathrm{GPU}} + \Delta T_{\mathrm{GPU}}$

步骤 6 更新瓦片聚合队列

获取 *Tile* 的父瓦片 *Parent*

获取 *Tile* 所有存在于数据集中的兄弟瓦片 *Siblings*（包含 *Tile*）

If *Parent* 存在且 *Siblings* 个数等于 4

计算 *Siblings* 聚合为 *Parent* 所减少的 CPU 绘制时间 ΔT_{CPU}

计算 *Siblings* 聚合为 *Parent* 所减少的 GPU 绘制时间 ΔT_{GPU}

计算 *Siblings* 在屏幕上的像素大小 *Pixel*

计算收益率 $Ratio = \dfrac{Pixel}{\max(\Delta T_{\mathrm{CPU}}, \Delta T_{\mathrm{GPU}})}$

按照 *Ratio* 由低到高顺序将 *Parent* 插入到 *Queue* 中

$AT_{\mathrm{CPU}} = AT_{\mathrm{CPU}}$ − 步骤 6 所耗费的执行时间

步骤 7 返回步骤 1

以上通过算法 5.1 实现了 *SharedTileSet*、*PrivateTileSetLeft*、*PrivateTileSetRight* 三个瓦片数据集的更新，从而保证绘制瓦片数据集中瓦片的时间不会超过限定的绘制时间。

需要说明的是，算法中凡涉及 GPU 绘制时间的估算，均根据式(5.5)计算得到。而 CPU 绘制时间则实际上为瓦片在场景绘制步骤的执行时间，主要根据式(5.8)计算得到。

5.4.2 面向索引四叉树模型的双目场景动态优化算法

根据 2.2.1 小节可知，索引四叉树模型通过瓦片嵌套单体模型的方式实现全球三维场景（主要是城市场景）的建模，在索引四叉树模型中，瓦片只起到场景分块管理的作用，如果要提高绘制效率，则需要对单体模型进行层次细节降级处理。同时根据 4.4.2 小节可知，由于执行了面向索引四叉树模型的双目场景同步算法，在场景更新步骤结束后，所有可见的单体模型会按照只有左相机可见、只有右相机可见、两个相机均可见三个状态分别放到三个模型集合中（*PrivateModelSetLeft*、*PrivateModelSetRight*、*SharedModelSet*）。本书设计的面向索引四叉树模型的双目场景优化算法的核心内容如下。

(1)预处理。将模型数据集中的模型按照收益率由低到高的顺序插入模型降级队列中。同时,根据5.3节的绘制时间估算模型,计算绘制模型数据集中的所有模型所需要的CPU绘制时间和GPU绘制时间。

(2)场景动态优化。如果估算的CPU绘制时间和GPU绘制时间大于限定时间,则从模型降级队列中逐个取出模型进行模型降级操作,直到CPU绘制时间和GPU绘制时间低于限定时间。

(3)模型降级操作。将模型从模型数据集中剔除,如果存在降级后的模型,则将降级后的模型根据相机的可见状态放入对应的模型数据集中,并根据收益率插入模型降级队列中等待下一次降级。

(4)模型收益率。其计算公式如下

$$Ratio = \frac{Pixel}{\max(\Delta T_{\mathrm{CPU}}, \Delta T_{\mathrm{GPU}})} \tag{5.10}$$

式中,$Pixel$ 为模型的像素大小,通过模型最小包围球在屏幕上的投影面积计算得到;ΔT_{CPU}、ΔT_{GPU} 为模型降级所减少的CPU绘制时间和GPU绘制时间。

详细流程如算法5.2所示。

算法5.2 面向索引四叉树模型的双目场景动态优化算法

输入:共用模型集合 *SharedModelSet*

左相机的私有模型集合 *PrivateModelSetLeft*

右相机的私有模型集合 *PrivateModelSetRight*

限定的绘制时间 AT

通过计时器获取的已消耗的CPU绘制时间 $T_{消耗}$

输出:共用模型集合 *SharedModelSet*

左相机的私有模型集合 *PrivateModelSetLeft*

右相机的私有模型集合 *PrivateModelSetRight*

步骤0 对模型进行排序并计算剩余可用的绘制时间

For each *Model* in *SharedModelSet*, *PrivateModelSetLeft*, *PrivateModelSetRight*

计算 *Model* 的CPU绘制时间 T_{CPU}、GPU绘制时间 T_{GPU}

计算 *Model* 降级后所减少的CPU绘制时间 ΔT_{CPU}

计算 *Model* 降级后所减少的GPU绘制时间 ΔT_{GPU}

计算 *Model* 在屏幕上的像素大小 *Pixel*

计算收益率 $Ratio = \frac{Pixel}{\max(\Delta T_{\mathrm{CPU}}, \Delta T_{\mathrm{GPU}})}$

按照 *Ratio* 由低到高顺序将 *Model* 插入模型降级队列 *Queue* 中

End for

累加 T_{CPU} 得到CPU总绘制时间 TT_{CPU},累加 T_{GPU} 得到GPU总绘制时间 TT_{GPU}

计算 CPU 剩余可用时间 AT_{CPU}

$$AT_{CPU} = AT - T_{used} - TT_{CPU} - \text{步骤 0 所占用的时间}$$

计算 GPU 剩余可用时间 AT_{GPU}

$$AT_{GPU} = AT - TT_{GPU}$$

步骤 1 判断是否需要进行模型降级

If $AT_{CPU} > 0$ 且 $AT_{GPU} > 0$

绘制时间在限定时间内,不需要进行模型降级,结束算法

步骤 2 从模型降级队列中获取第一个模型

Set *Model* = *Queue.first*

从 *Queue* 中移除 *Model*

步骤 3 进行模型降级

If *Model* in *PrivateModelSetLeft*:从 *PrivateModelSetLeft* 中移除 *Model*

If *Model* in *PrivateModelSeRight*:从 *PrivateModelSetRight* 中移除 *Model*

If *Model* in *SharedTileSet*:从 *SharedModelSet* 中移除 *Model*

获取 *Model* 低一级分辨率的模型 $Model_{-1}$

If $Model_{-1}$ 存在:将 $Model_{-1}$ 插入 *Model* 原本所在的数据集中

步骤 4 更新剩余可用的绘制时间

获取 Model 降级所减少的 CPU 时间 ΔT_{CPU}、GPU 时间 ΔT_{GPU}

$AT_{CPU} = AT_{CPU} + \Delta T_{CPU}$ − 步骤 1 至步骤 4 所耗费的执行时间

$AT_{CPU} = AT_{CPU} + \Delta T_{CPU}$

步骤 5 更新模型降级队列

If $Model_{-1}$ 存在

计算 $Model_{-1}$ 降级所减少的 CPU 时间 ΔT_{CPU}

计算 $Model_{-1}$ 降级所减少的 GPU 时间 ΔT_{GPU}

计算 $Model_{-1}$ 在屏幕上的像素大小 *Pixel*

计算收益率 $Ratio = \dfrac{Pixel}{\max(\Delta T_{CPU}, \Delta T_{GPU})}$

按照 *Ratio* 由低到高顺序将 $Model_{-1}$ 插入到 *Queue* 中

$AT_{CPU} = AT_{CPU}$ − 步骤 6 所耗费的执行时间

步骤 6 返回步骤 1

以上,通过算法5.2实现了 *SharedModelSet*、*PrivateModelSetLeft*、*PrivateModelSetRight* 三个模型数据集的更新,保证绘制模型数据集中模型的时间不会超过限定的绘制时间。

算法 5.2 与算法 5.1 的区别主要在于层次细节的调整方式。算法 5.1 处理的是瓦片数据,采用瓦片收敛聚合的方式实现层次细节降级,然而瓦片聚合存在条件限制,如需要该瓦片的兄弟瓦片均存在。算法 5.2 处理的离散模型数据通过模型切换的方式实现层次细节降级,算法设计更加简单。

5.5 实验与分析

为了验证本书提出方法的有效性，基于开源虚拟地球平台 osgEarth 进行实验，其中软件环境为 Window 10 64 位、OpenGL、OpenVR、Visual Studio 2015，硬件环境为 Intel(R)Core(TM)i7-8750H CPU、NVIDIA GeoForce GTX 1050Ti 显卡、8 GB 内存及 HTC VIVE 头盔式虚拟现实系统。

实验数据中，全球影像、地形数据采用 ReadMap 发布的 TMS 瓦片数据服务，该数据基于全球等经纬度全球离散格网进行数据剖分，共包含 1～13 级瓦片。城市建筑数据则采用中国贵州某地区的三维城市模型，同样基于全球等经纬度全球离散格网进行数据剖分，共包含 12～17 级瓦片，每个瓦片中的单体建筑物均包含三级层次细节结构，数据总量达 25 GB。

5.5.1 绘制时间估算精度测试分析

本书主要通过三个步骤实现沉浸式虚拟地球的最终绘制时间（帧时间）的估算。首先根据式(5.8)对场景绘制步骤的执行时间 $T_{绘制}$ 进行估算，同时根据式(5.5)对 GPU 步骤的执行时间 T_{GPU} 进行估算，最后将估算得到的 $T_{绘制}$ 和 T_{GPU} 代入式(5.7)和式(5.4)，实现最终绘制时间即帧时间 $T_{帧}$ 的估算。

为了证明本书提出的绘制时间估算模型的有效性，分别对 $T_{绘制}$、T_{GPU}、$T_{帧}$ 的估算精度进行验证。设计的实验要点如下。

(1)采集样点。记录不同场景复杂度下的帧信息，这些帧信息中记录了每帧的场景绘制步骤的实际执行时间，GPU 步骤的实际执行时间及帧时间，同时还记录了该帧中绘制的顶点个数、纹理个数、矩阵个数、像素个数。

(2)建立模型。通过对以上帧信息进行回归分析建立绘制时间估算模型，即求取式(5.4)、式(5.5)、式(5.7)和式(5.8)中的回归系数。

(3)对比实验。进行一次从全球到局部的场景浏览，并根据建立好的绘制时间估算模型中对 $T_{绘制}$、T_{GPU}、$T_{帧}$ 进行估算，最后比较估算时间与实际时间（通过计时器记录的时间）的差异。

具体实验结果如图 5.3 至图 5.5 所示，图 5.3 比较了记录的场景绘制步骤执行时间与估算的场景绘制步骤执行时间（以左相机为例），图 5.4 比较了记录的 GPU 步骤执行时间与估算的 GPU 步骤执行时间（以左相机为例），图 5.5 比较了记录的帧时间与估算的帧时间。

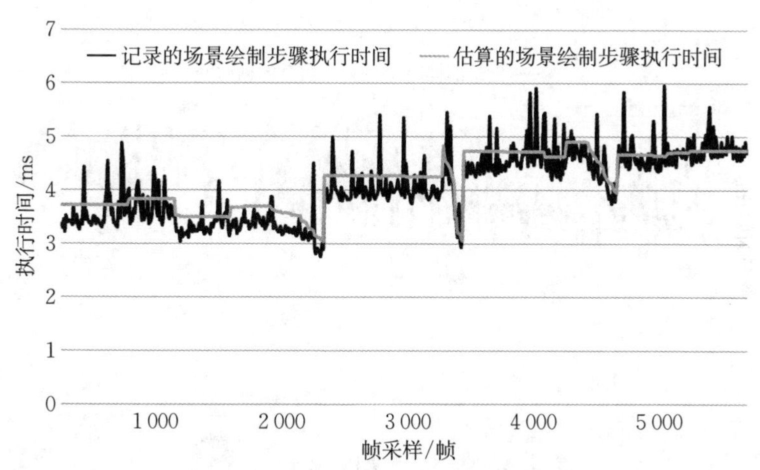

图5.3　记录的场景绘制步骤执行时间与估算的场景绘制步骤执行时间对比

由图5.3可知,计算机系统存在不稳定性,使得记录的场景绘制步骤执行时间曲线(记录曲线)是一条上下抖动的不光滑曲线,而估算的场景绘制步骤执行时间曲线(估算曲线)根据场景中纹理的个数和矩阵个数计算而来,只要场景不发生太大变化,整个曲线也不会发生太大变化。整体上来说,估算曲线基本上与记录曲线相拟合,最大误差不超过2 ms,基本满足后续应用要求。

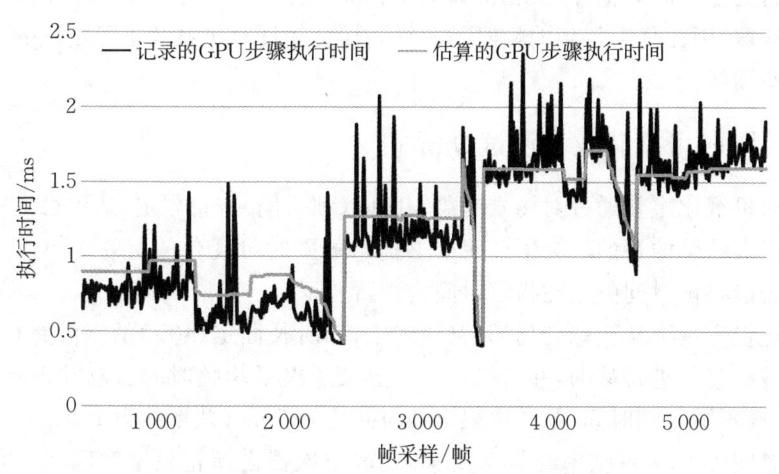

图5.4　记录的GPU步骤执行时间与估算的GPU步骤执行时间对比

与图5.3类似,图5.4中估算的GPU步骤执行时间曲线(估算曲线)基本拟合于记录的GPU步骤执行时间曲线(记录曲线),且最大误差保持在1 ms以内。同时结合图5.3和图5.4可以发现,随着执行时间增加,两曲线拟合程度越好,这可能是因为当场景复杂度较高时,绘制时间更多是由场景决定,系统不稳定对绘制时间造成的影响逐渐可以被忽略,本书的估算方法也能够更好地发挥作用。

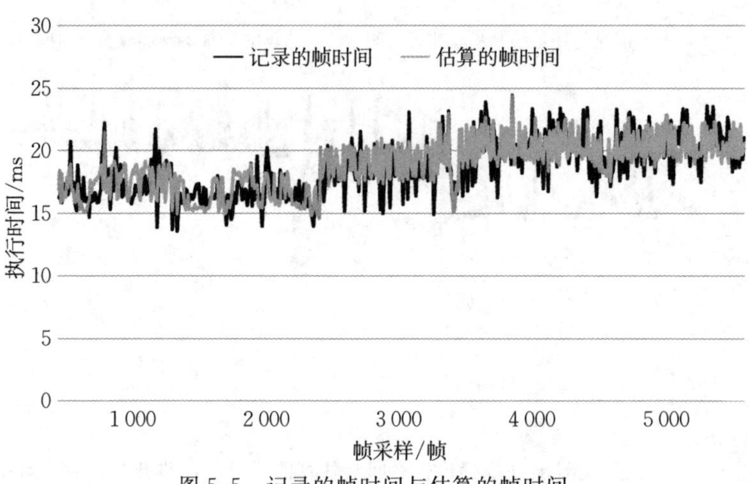

图 5.5　记录的帧时间与估算的帧时间

由图 5.5 可知，估算的帧时间与记录的帧时间最大误差不超过 3 ms，平均误差率$\left(\frac{|\text{估算的帧时间}-\text{记录的帧时间}|}{\text{记录的帧时间}}\right)$在 15%左右，证明了本书的时间估算方法能够有效地对沉浸式虚拟地球的每帧的绘制时间进行估算。需要说明的是，本书在进行完整帧时间估算时，相机移动步骤和场景更新步骤的执行时间直接采用计时器获取，因此估算得到的帧时间曲线同样会受计算机系统不稳定影响，并不是一条光滑曲线。

5.5.2　限时可视化效果测试分析

限时可视化主要通过对场景的绘制时间(帧时间)进行限定，达到稳定帧率、减缓虚拟现实眩晕的目的。为了证明本书提出的限时可视化的有效性，首先需要对本法是否能将帧时间限定在指定时间内进行验证。

预先设定一个从全球到局部、路线固定、总时长固定(40 s)的漫游路径。让相机沿着漫游路径进行移动，并每隔 0.1 s 记录一次平均帧时间。总共进行三次实验，第一次不限定帧时间，第二次限定帧时间为 8.5 ms(帧率约为 120 f/s)，第三次限定帧时间 11.5 ms(帧率约为 90 f/s)，比较三次漫游所记录帧时间，具体实验结果如图 5.6 所示。

由图 5.6 可知，漫游从全球视角开始，刚开始时整个场景并不复杂，帧时间往往低于限定时间(8.5 ms，11.5 ms)，这时三条曲线基本保持重合。随着视角向地表靠近，场景复杂度不断增加，不限定帧时间的曲线则会根据场景复杂度的不同而发生巨大变化，限定帧时间的曲线会稳定在限定的时间附近，从而有效避免了场景复杂度对帧时间的影响，达到稳定帧率、避免虚拟现实眩晕的目的。

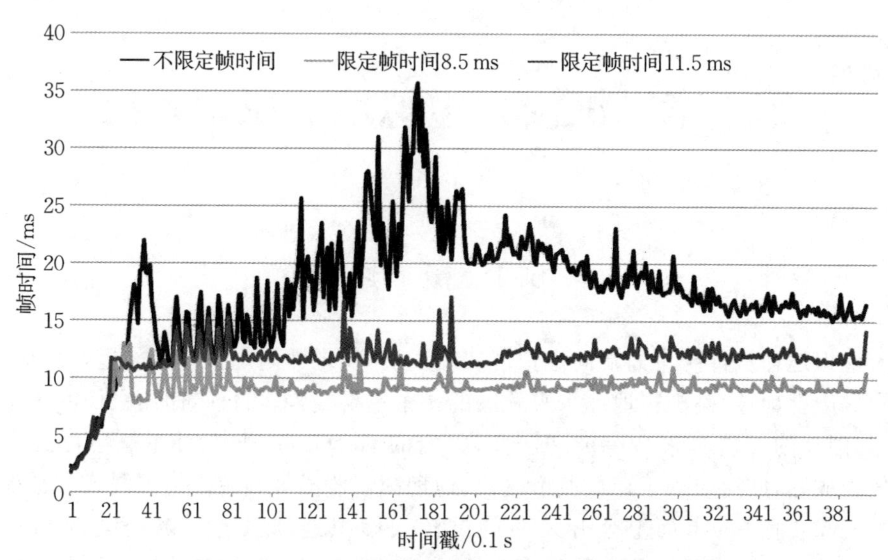

图 5.6　采用限时可视化前后的帧时间对比

需要说明的是，在漫游刚进入局部视角时（时间戳为 20～80），限定帧时间的曲线存在较为明显的抖动现象，主要是因为沉浸式虚拟地球采用多线程的方式进行场景加载（见 2.3.1 小节）。进入新的场景，系统需要短时间内从外存中加载大量数据，导致系统稳定性出现大幅度降低。由于降低程度很难直接进行估算，即使采用限时可视化也无法完全实现帧率的稳定。总体来说，本书提出的方法还是有效地对整体帧率进行了稳定，可满足绝大部分情况下的应用需要。

第6章 沉浸式虚拟地球原型系统

6.1 概 述

虚拟地球从传统桌面端向虚拟现实端发展，实现面向虚拟现实的虚拟地球，即沉浸式虚拟地球，是虚拟地球未来发展的一个重要趋势。目前，面向桌面的虚拟地球（如国外的谷歌地球、Virtual Earth，国内的 GeoGlobe、EV-Globe 等）已经发展得较为成熟，广泛应用于智慧城市建设、地理国情监测等领域。但沉浸式虚拟地球仍处于起步阶段，市面上公开发布的沉浸式虚拟地球只有谷歌公司的 Google Earth VR 一款。同时，作为商业软件，Google Earth VR 没有对其技术细节进行公开，且目前版本主要面向虚拟旅游，仅支持倾斜影像等少量空间数据的可视化，并不是真正意义上的地理信息系统，本章将对沉浸式虚拟地球的设计与实现进行论述。

一套完整的沉浸式虚拟地球应包含数据层、服务层、应用层三个层次。由于本书的研究侧重可视化，且本书提出的几个创新方法，例如第 3 章的场景交互方法、第 4 章的双目并行绘制方法、第 5 章的限时可视化方法都属于可视化的研究范畴，因此本章在系统的设计与实现上重点对可视化部分也就是应用层（客户端）部分进行论述，在数据层、服务层方面只做简要说明。

6.2 总体说明

6.2.1 总体架构设计

整个系统采用应用层、服务层、数据层三层架构设计。应用层，即客户端，是整个沉浸式虚拟地球的核心。服务层、数据层主要用于辅助应用层，提供包括空间数据服务、地名位置服务等不方便直接在客户端实现的功能，系统总体架构如图 6.1 所示。

1. **数据层**

数据层是整个系统的最底层，负责存储沉浸式虚拟地球所需要的空间数据。目前提供了影像、地形、模型、地名、矢量、倾斜影像在内几种常见的空间数据的存储功能，除模型数据、地名数据外，其他数据的存储方式均采用通用且公开的数据格式。

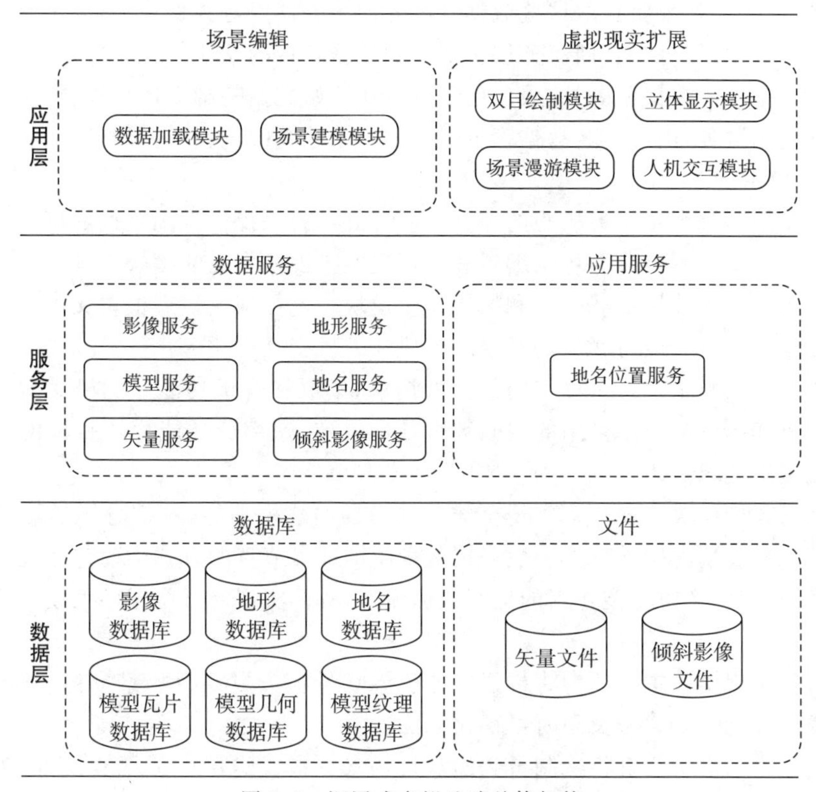

图 6.1　沉浸式虚拟地球总体架构

影像、地形采用 MBTile 格式存储，MBTile 是 MapBox 公司基于 Sqlite 数据库设计的一种瓦片数据格式，其瓦片切片标准参考全球等经纬度离散格网。单张影像、地形瓦片相当于单张图片，采用 jpg、png、tif 等格式存储于数据库中。

矢量采用通用的 shapefile 文件形式存储。倾斜影像采用通用的 osgb 文件形式存储。

模型数据采用自定义数据格式，由三部分构成，模型几何数据库包含模型的几何信息（顶点、顶点索引等），模型材质数据库包含模型的材质信息（纹理、颜色等），模型瓦片数据库则保存各个模型的位置分布信息（这些位置分布信息经过分级分块后以瓦片的形式存储于数据库中）。

地名数据则存储在标准的关系型数据库中，包含了地名名称、地名位置、地名类型和地名标签四个字段。

2. 服务层

服务层介于应用层与数据层之间，提供包括数据、应用在内的网页服务功能。服务层所提供的数据服务与数据层存储的空间数据存在一一对应关系，如影像服务对应影像数据库。空间数据由于数据量较大等原因，往往需要部署在专门的服务器中，应用层如果要获取这些数据则需先向服务器发送数据请求，再由服务器从数据库中调取对应数据，即服务层主要起到数据转接的功能。

除了基本的数据服务外，服务层还可以在原始数据基础上进行扩展，提供一些基本的应用服务，例如地名数据库可以实现基于地名的位置查询服务等。

3. 应用层

应用层是整个系统最核心的部分，直接面向用户，提供空间数据的可视化及交互功能。整个应用层分为场景编辑和虚拟现实扩展两大功能模块。其中场景编辑模块又可细分为数据加载模块和场景建模模块。虚拟现实扩展模块又可细分为双目绘制模块、立体显示模块、场景漫游模块和人机交互模块。

数据加载模块主要负责空间数据的请求、读取和解析功能。沉浸式虚拟地球与传统桌面端虚拟地球采用的空间数据基本一致，这部分功能模块直接沿用传统桌面端虚拟地球。

场景建模模块主要负责实现全球三维场景的建模功能，这部分同样可以直接沿用传统桌面端虚拟地球。一般采用场景图即嵌套节点的方式构建包括瓦片四叉树模型、索引四叉树模型在内的空间数据模型，具体实现参考全球多尺度空间数据模型。

双目绘制模块主要负责将构建好的三维场景渲染成双目场景影像，具体实现参考双目并行绘制方法及限时可视化方法。

立体显示模块负责将绘制得到的双目场景影像发送给虚拟现实设备(头盔显示器)进行立体显示。该模块主要通过调用第三方虚拟现实设备接口实现，对于本书系统来说，主要通过 OpenVR API 关联 HTC VIVE 头盔显示器(胡良云，2017)。

场景漫游模块主要负责操作虚拟现实视点，如根据头盔显示器或虚拟现实手柄实现虚拟现实视点平移、旋转等，具体实现参照第 3 章的场景交互方法。

人机交互模块主要负责实现虚拟现实环境下的基于图形用户界面(graphical user interface，GUI)交互功能，如空间量算、飞行定位、尺度缩放等，这些功能都有专门的 GUI 控件(如按钮、选值框等)供用户使用。

6.2.2 主要功能

下面对沉浸式虚拟地球的核心部分客户端的相关功能进行介绍。

(1)基于插件式的空间数据解析，支持 jpg、png、tif 等图片格式解析，支持 shapefile 格式的矢量数据的解析，支持 osgb 格式的倾斜影像数据的解析，以及其他通用或自定义格式的模型数据解析。

(2)基于场景图的空间数据组织与建模，可以通过嵌套节点的方式构建包括瓦片四叉树模型、索引四叉树模型在内的空间数据模型。

(3)支持全球三维场景的双目绘制,并可以将绘制得到的双目场景影像实时输出到虚拟现实头盔显示器进行立体显示。

(4)支持相机视角与头盔显示器的同步移动,用户可以通过自然行为在虚拟地球场景中进行自由浏览。

(5)支持基于手部控制器(手柄)的全球室内外场景的漫游与交互,用户可以根据需要自动地对漫游尺度(缩放比例)进行调整,与全球不同尺度的三维场景进行交互。

(6)支持虚拟现实环境下的 GUI 交互,如通过手部控制器(手柄)在虚拟现实场景中点选按钮等。

以上功能最终可以归结为数据加载与场景建模、双目绘制与立体显示、场景漫游与人机交互三大类。

6.2.3　系统开发环境

系统开发环境主要包括硬件环境和软件环境两部分。硬件环境主要指应用层开发所采用的硬件设备,如表 6.1 所示;软件环境主要指应用层开发所采用的软件平台或开发库,如表 6.2 所示。

表 6.1　硬件环境

类型	名称	功能
虚拟现实设备	HTC VIVE 头盔式虚拟现实系统	负责对双目场景影像进行立体显示,并实时跟踪及反馈虚拟现实用户在真实空间的位置信息
图形工作站	联想 Y7000 游戏笔记本电脑	执行沉浸式虚拟地球客户端程序

表 6.2　软件环境

功能模块	功能	开发平台/库
数据加载(网络传输)	从服务器请求空间数据	curl
数据加载(数据解析)	解析空间数据	GDAL、libpng、libjpeg、OSG
场景建模	构建三维场景	OSG、osgEarth
双目绘制	将三维场景绘制成双目场景影像	OSG、osgEarth、OpenGL
立体显示	将双目场景影像传输到虚拟现实设备进行双目立体显示	OpenVR
场景漫游	实现虚拟现实用户在三维场景中的浏览	OpenVR、OSG
人机交互	虚拟现实环境下基于 GUI 的交互	OpenVR、OSG

6.3 系统设计与实现

6.3.1 数据加载与场景建模

导入各种空间数据，实现全球三维场景的建模是沉浸式虚拟地球运行的第一步，为了实现这一功能，进行如下系统设计。

系统初始界面为场景编辑窗口（见图 6.2）。该窗口主要包括三个二级窗口：功能窗口、显示窗口、管理窗口。

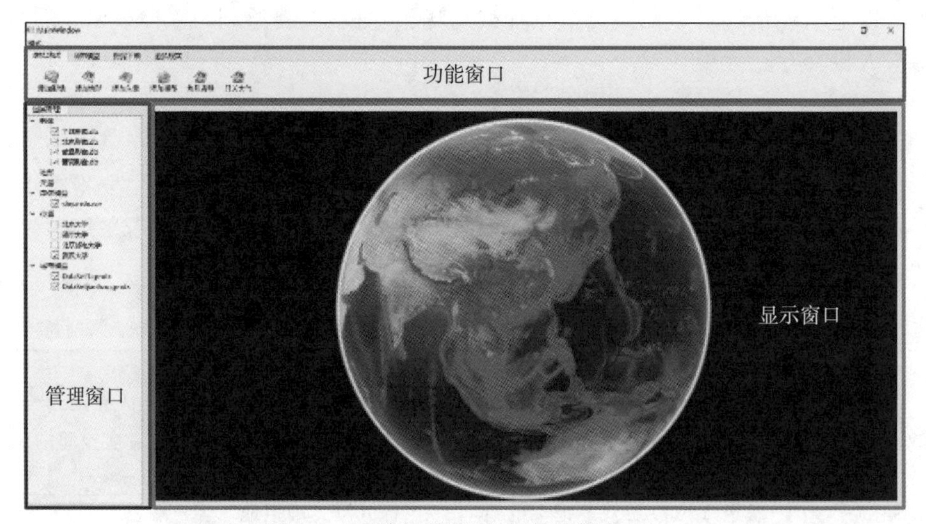

图 6.2 系统初始界面（场景编辑窗口）

(1)功能窗口基于功能区(Ribbon)控件实现，包含了多个功能区。点击功能区中的按钮可以实现包括添加影像、添加地形、添加模型、添加矢量在内的空间数据导入功能。

(2)显示窗口基于图形控件实现，主要负责对导入的空间数据进行展示，方便用户在进行虚拟现实浏览前确认建模得到的场景是否正确。

(3)管理窗口基于树形控件实现，主要负责对导入的空间数据进行图层式管理，每一个空间数据对应于一个图层项，每一个图层项都可以进行点击响应，从而实现包括查询、删除在内的功能。

图 6.3、图 6.4 分别展示了导入城市数据、矢量数据后的场景编辑窗口显示效果。

综上所述，场景编辑窗口主要实现了数据加载与场景建模功能(对应应用层的数据加载与场景建模模块)，包含了大量二维 GUI 控件(如按钮、对话框、树形图等)，从而方便用户对场景进行编辑操作，为后续的虚拟现实浏览提供支持。

图 6.3　城市场景

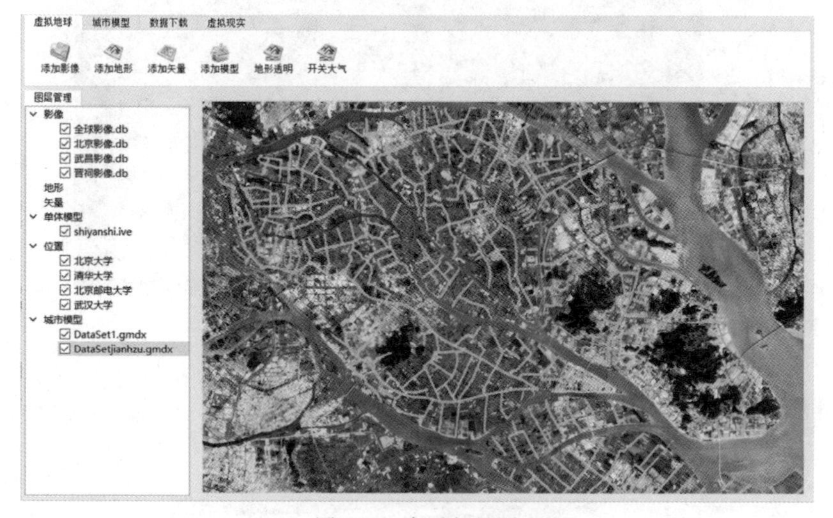

图 6.4　水系矢量图

6.3.2　双目绘制与立体显示

场景建模完成后的下一步是对全球三维场景进行双目渲染，并将渲染得到的场景图像发送到虚拟现实头盔显示器进行立体显示。为了实现这一功能，进行如下设计。

用户在功能区点击“虚拟现实模式”按钮后，将弹出一个虚拟现实窗口，虚拟现实窗口负责将场景编辑窗口构建好的三维场景进行双目渲染，如图 6.5 所示。

图 6.6 展示了城市场景在虚拟现实窗口的显示效果。

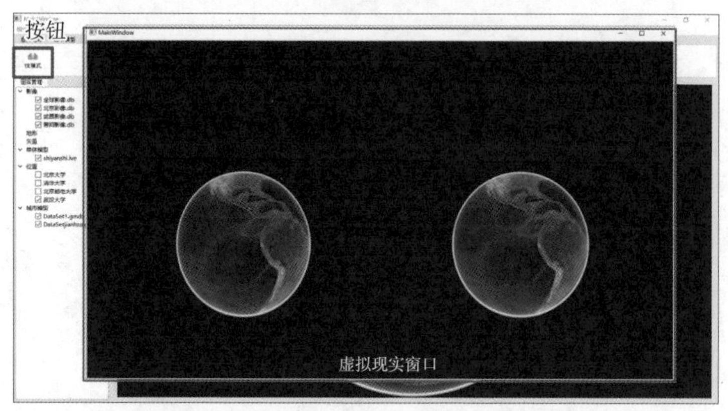

图 6.5 虚拟现实窗口(全球视角)

图 6.6 虚拟现实窗口(城市视角)

当图形工作站与虚拟现实设备关联后,经过渲染得到的双目场景影像将会以视频流的形式输出到虚拟现实头盔显示器中进行立体显示。图 6.7 为图形工作站与虚拟现实设备。

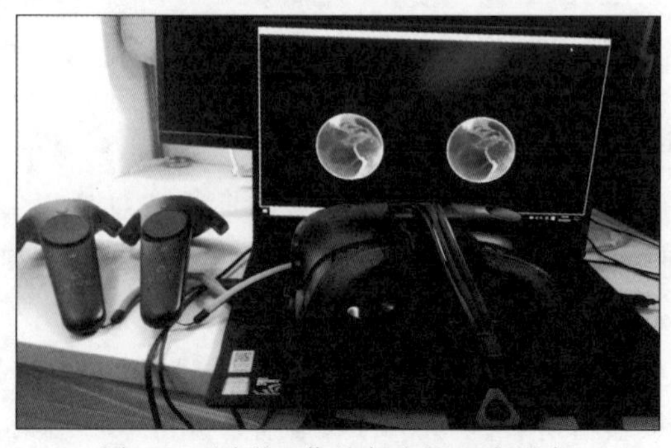

图 6.7 图形工作站与虚拟现实设备

场景编辑窗口负责数据加载与场景建模，虚拟现实窗口负责双目渲染与立体显示（对应应用层的图形渲染模块），两者在操作上独立，但在底层数据上通用。通过这种设计充分发挥桌面端在编辑与管理、虚拟现实端在渲染与可视化上的优势。

6.3.3　场景漫游与人机交互

采用手部控制器（手柄）进行场景漫游与交互是虚拟现实特色之一，为了实现基于手柄的虚拟地球场景漫游与交互，进行如下设计。

图6.8为针对HTC VIVE手柄所进行的交互设计。考虑一个完整的虚拟现实系统一般会包含左右两个手柄，将右手柄定义为漫游手柄，主要负责操作视点，如实现视点的前进、后退、左旋转、右旋转、俯仰等；左手柄则定义为交互手柄，主要负责实现虚拟现实环境下基于GUI的人机交互功能，如飞行定位、空间量算、场景缩放等。

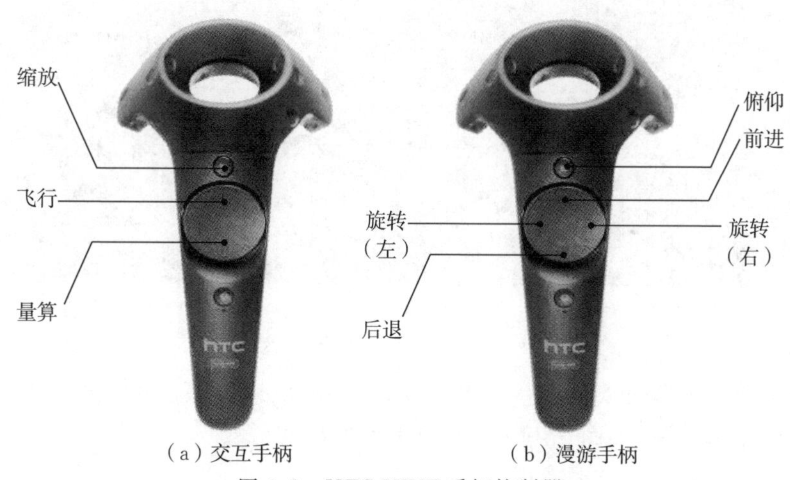

图6.8　HTC VIVE手柄控制器

1. 场景漫游

可通过操作漫游手柄实现视点的前进、俯仰。如图6.9所示，按下漫游手柄的“前进”按钮后，视点将会沿着手柄指向进行移动，从而使用户接近想要观察的三维场景，其前进的步长与视点至地表的距离成正比。在高空中时，前进步长较大，方便用户在不同地区间进行快速切换；而在近地表时，前进步长较小，方便用户对场景进行精细浏览。按下漫游手柄的“俯仰”按钮后，用户的站立方向与地面垂直方向将从垂直状态切换成平行状态，方便用户以不同视角观察虚拟地球场景。

除了通过改变头盔显示器朝向实现视点旋转外，还可以通过按下漫游手柄的“左/右旋转”按钮实现类似功能。如图6.10所示，当按下“左旋转”按钮后，视点将会绕着用户站立方向向左旋转，从而在不移动头盔显示器的情况下，看到不同方向的场景。

（a）初始状态

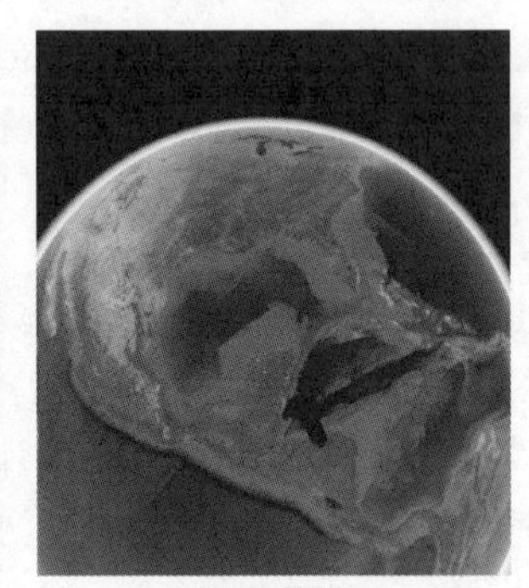
（b）前进

（c）俯仰

图 6.9 操作漫游手柄(前进和俯仰)

（a）初始状态

（b）左旋转

（c）进一步左旋转

图 6.10 操作漫游手柄(旋转)

除了通过按手柄按钮进行视点移动外,还可以通过手柄发出射线求交的方式实现视点的瞬移。如图 6.11 所示,当手柄发出的射线与场景相交时,视点的位置将定位于交点之上,从而实现场景的快速切换。

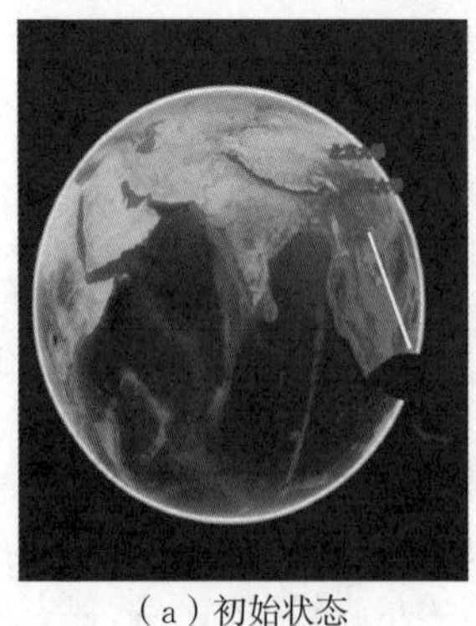
（a）初始状态

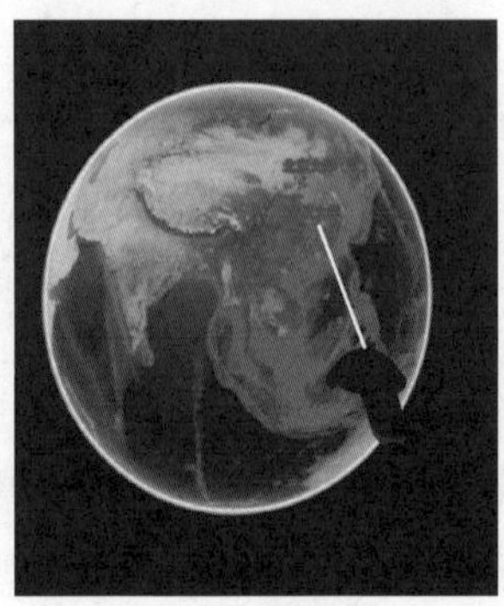
（b）瞬移

（c）进一步瞬移

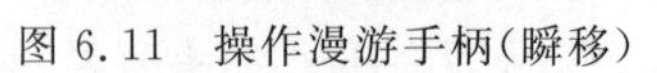
图 6.11 操作漫游手柄(瞬移)

图 6.9 至图 6.11 的场景漫游都是依托虚拟现实手柄实现，具体实现原理则是 3.3 节的空间映射模型。

2. 人机交互

本书主要设计了三种虚拟现实环境下基于 GUI 的人机交互功能。

(1)飞行定位功能。用户按下交互手柄的“飞行”按钮后，将会在三维场景中出现如图 6.12 所示的飞行定位窗口。窗口中的不同按钮对应不同的空间位置，通过点击手柄，视点将会快速飞向指定位置，从而方便用户进行场景切换。

(a) 初始状态

(b) 飞向指定位置

(c) 场景切换

图 6.12　飞行定位功能

(2)尺度缩放功能。用户按下交互手柄的“缩放”按钮后，将会在三维场景中出现如图 6.13 所示的尺度缩放窗口，在窗口点击“上升”或“下降”按钮调整缩放比例(缩放比例即用户在虚拟空间与真实空间的大小比例，该值越大，用户可观察范围越广)。

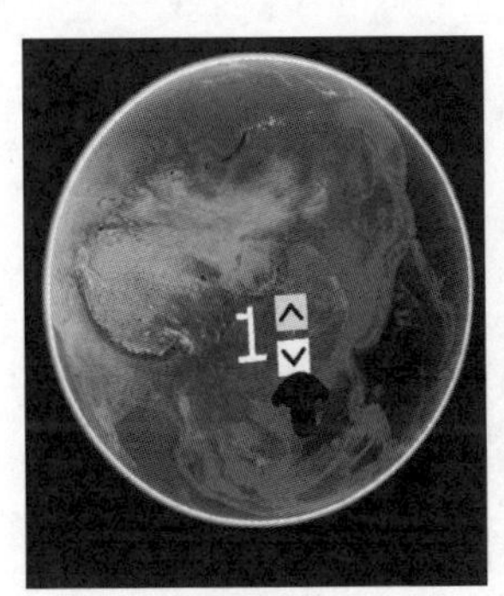

(a) 初始状态

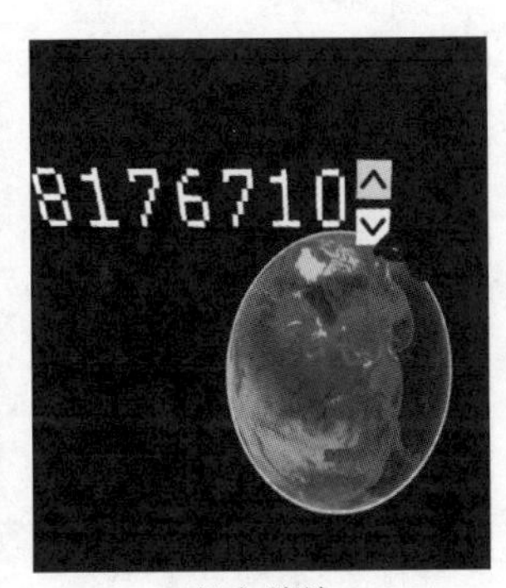

(b) 缩放

(c) 进一步缩放

图 6.13　尺度缩放功能

(3)场景量算功能。用户按下交互手柄的“量算”按钮后，将会在三维场景中出现如图 6.14 所示的场景量算窗口，量算窗口目前包含“点选查询”和“距离量算”两个按钮，点击“点选查询”按钮后，可以通过手柄射线查询场景的位置信息(经纬度、高度）。点击“距离量算”按钮后，可以在场景中勾勒线段，并获得线段的长度信息。

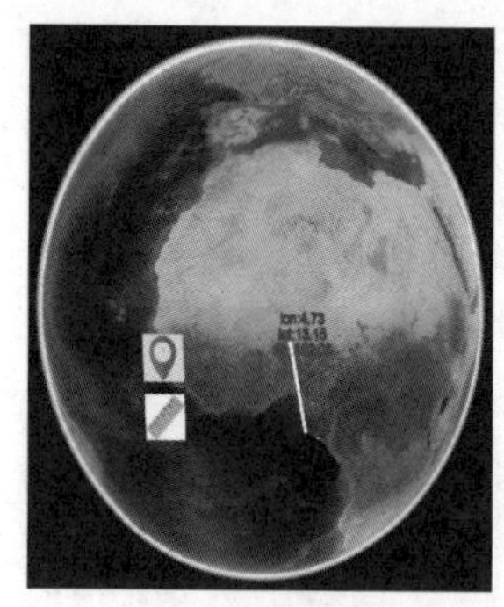

（a）点选查询

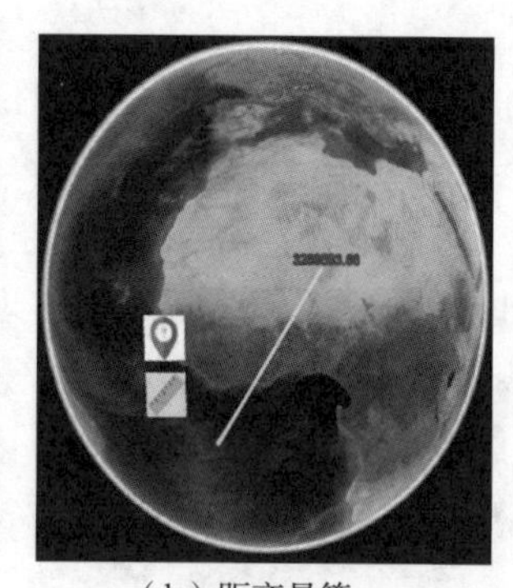

（b）距离量算一

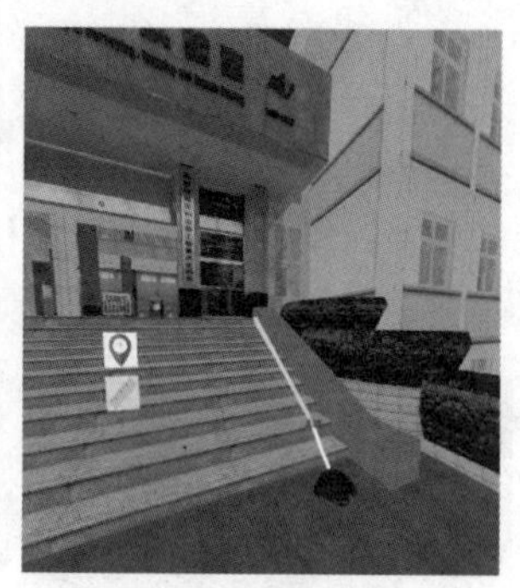

（c）距离量算二

图 6.14 场景量算功能

第 7 章　总结与展望

7.1　总　结

本书针对沉浸式虚拟现实技术与虚拟地球技术两者集成，在可视化方面所面临的关键问题展开了研究，主要研究内容如下。

1. 面向沉浸式虚拟地球的场景交互方法

该方法主要用于解决虚拟现实用户与全球室内外多尺度三维场景的漫游交互问题。首先，设计了一种真实空间到虚拟地球空间的映射模型，该模型通过建立真实空间与虚拟地球空间的位置映射关系，使用户能够通过自然行为与全球任意位置、尺度的三维场景进行互动。其次，在空间映射模型基础上研究了一种虚拟现实视点校正算法，该算法将碰撞检测与响应技术和空间剖分与检索技术进行了结合，通过实时对虚拟现实视点位置进行校正，使得用户在室内、近地表等复杂场景也能进行正确的虚拟现实漫游与交互。最后，通过实验对方法的有效性进行验证，其中全球多尺度漫游实验表明，该方法能够让用户身临其境浏览全球任意尺度的三维场景，并能以自然行为与不同尺度的三维场景进行直接交互；室内漫游实验表明，该方法能够根据三维场景的分布对虚拟现实视点位置进行实时校正，保持虚拟现实视点与地面、阶梯、墙壁的距离，避免出现视点穿墙、陷地等现象；效率实验表明，该方法为全球场景建立八叉树索引，有效限制了场景复杂性对漫游交互时间的影响，最终漫游交互时间能够稳定在 5 ms 内，不会对绘制总时间造成太大的影响。

2. 面向沉浸式虚拟地球的双目并行绘制方法

该方法主要用于解决在双目绘制机制下沉浸式虚拟地球绘制效率较低问题。首先，设计了一种双目并行绘制模型，该模型通过将虚拟现实左右相机的绘制任务分配到不同 CPU 核心上进行处理，实现双目场景的并行渲染。然后，在并行绘制模型基础上研究了一种双目场景分辨率同步算法，该算法通过实时对左右相机观察的场景的分辨率进行同步，从而避免出现因双目场景分辨率不一致导致的双目立体匹配错误问题。最后，通过实验对方法的有效性进行验证，其中效率对比实验表明，本书设计的并行绘制模型能够将沉浸式虚拟地球的绘制帧时间平均降低 27%左右，有效提高了沉浸式虚拟地球的绘制效率；同步算法实验表明，本书算法能够有效应用于虚拟地球中的影像地形场景和三维城市场景，保证双目场景分辨率相一致。

3. 面向沉浸式虚拟地球的限时可视化方法

该方法用于解决因帧率不稳定导致的虚拟现实眩晕问题。首先，设计了一种绘制时间估算模型，该模型考虑了沉浸式虚拟地球数据结构与绘制过程对绘制时间的影响，通过建立统计模型实现沉浸式虚拟地球绘制时间精确估算。然后，提出了一种场景动态优化算法，该算法能够根据估算得到的绘制时间，动态地对场景的层次细节结构进行调整，保证最终场景在限定时间内完成绘制，从而达到稳定绘制帧率、减缓虚拟现实眩晕的目的。最后，通过实验对本书方法的有效性进行验证，绘制时间估算精度实验表明，本书方法能够有效对沉浸式虚拟地球的绘制时间进行估算，平均误差率为15%；场景动态优化实验表明，本书方法能够在绘制过程中动态地对场景结构进行调整，保证最终绘制时间不会超过限定时间，从而达到稳定帧率的目的。

4. 沉浸式虚拟地球原型系统设计与实现

在本书研究的方法和算法基础上，采用C++编程语言，通过OpenGL和OpenVR等技术，对开源虚拟地球osgEarth进行改造，开发了一款基于HTC VIVE虚拟现实平台的沉浸式虚拟地球原型系统。该系统包括数据层、服务层、应用层三个层次，其中应用层即客户端是整个系统的核心。应用层的主要功能又可细分为数据加载与场景建模、双目绘制与立体显示、场景漫游与人机交互三大部分。该原型系统实现了虚拟现实双目绘制机制下海量的影像、地形、倾斜影像、三维城市模型的高效且稳定的可视化，支持用户对全球多尺度室内外三维场景进行自然行为交互与沉浸式浏览，为沉浸式虚拟地球产业化应用奠定基础。

7.2 展　望

面向虚拟现实的虚拟地球(沉浸式虚拟地球)是虚拟地球、三维地理信息系统、虚拟现实地理信息系统未来发展的重要方向之一，本书主要解决了虚拟现实技术与虚拟地球技术两者结合时涉及的虚拟现实交互、虚拟现实绘制、虚拟现实眩晕三方面问题，为沉浸式虚拟地球可视化相关技术奠定基础。一套专业的地理信息系统应该包含空间数据建模、空间数据可视化、空间数据分析三部分内容，本书仅涉及可视化部分，在空间数据建模与分析上仍沿用现有桌面端三维虚拟地球的相关方法。为了促进沉浸式虚拟地球从浏览型向分析型、专业型发展，需要做的工作还有很多，后续研究可围绕以下几个方面展开。

(1)研究面向沉浸式虚拟地球的高真实感的时空数据建模方法。现有虚拟地球出于绘制效率考虑，所采用的空间数据模型往往精度有限，细节表达不够，例如用于表达地形的格网模型无法反映峭壁、洞穴等复杂地表特征。这类模型只能进行远处观察，如果通过虚拟现实视角进行沉浸式浏览，往往会因为模型效果太差影响用户视觉体验。如何将高真实感、高精度的空间数据集成于沉浸式虚拟地球之中,同时保证沉浸式虚拟地球的高效性,是未来有待研究的重点内容之一。除此之外,虚拟现实的应用使虚拟地球的三维能力得到充分释放,可以考虑往时间维发展,即对时空数据模型的建模方法进行研究。

(2)研究基于沉浸式虚拟地球的时空数据分析方法。沉浸式虚拟地球能够让用户完全置身于虚拟地理场景之中,并通过自然行为与时空数据进行互动。这种方式能够避免传统时空数据被动认知的缺陷,使用户能够以一种更加主动的方式剖分时空数据中隐藏的深层含义,为后续时空分析提供有力支持。可对基于沉浸式虚拟地球的时空数据分析方法进行研究,重点探讨沉浸式虚拟地球的应用对现有时空分析方法产生的影响,比较传统空间分析与基于沉浸式虚拟地球时空分析的异同,研究在沉浸式虚拟地球环境下才能有效发挥功能的时空分析方法。

(3)将沉浸式虚拟地球与具体地理信息应用进行结合。产业化应用是地理信息研究的最终目的之一,沉浸式虚拟地球结合了虚拟现实和虚拟地球两大前沿技术的优点,使其在产业化应用上具有得天独厚的优势,不仅能够作为系统平台为多源空间数据的集成提供支持,同时独有的人机交互与数据展示能力,使其功能扩展更加方便。可探讨如何将沉浸式虚拟地球与具体地理信息应用进行结合,例如将沉浸式虚拟地球应用于城市规划建设,使规划人员在对城市场景进行编辑修改后,能够马上身临其境感受到规划方案对城市环境所造成的影响,并对光照情况、交通情况进行分析,从而提高城市规划的工作效率。

参考文献

鲍虎军,2003.虚拟现实技术概论[J].中国基础科学,5(3):28-34.

蔡力,翁冬冬,张振亮,2016.虚实运动一致性对虚拟现实晕动症的影响[J].系统仿真学报,28(9):1950-1956.

曹雪峰,2012.地球圈层空间网格理论与算法研究[D].郑州:信息工程大学.

陈静,龚健雅,向隆刚,2011.全球多尺度空间数据模型研究[J].地理信息世界,9(4):24-27.

崔马军,赵学胜,2007.球面退化四叉树格网的剖分及变形分析[J].地理与地理信息科学,23(6):23-25.

董力维,李妮,张红庆,2017.面向头盔的OGRE场景立体显示技术开发[J].系统仿真学报,29(S1):119-125.

董天阳,夏佳佳,范菁,2013.多风格融合的复杂森林场景自适应可视化[J].中国图象图形学报,18(11):1486-1496.

高健健,2018.沉浸式虚拟现实环境下的电网数据交互可视化[D].杭州:浙江大学.

高源,刘越,程德文,等,2016.头盔显示器发展综述[J].计算机辅助设计与图形学学报,28(6):896-904.

高云成,2014.基于Cesium的WebGIS三维客户端实现技术研究[D].西安:西安电子科技大学.

龚建华,林珲,肖乐斌,等,1999.地学可视化探讨[J].遥感学报,3(3):236-244.

龚建华,周洁萍,张利辉,等,2010.虚拟地理环境研究进展与理论框架[J].地球科学进展,25(9):915-926.

龚健雅,2011.三维虚拟地球技术发展与应用[J].地理信息世界,9(2):15-17.

龚健雅,陈静,向隆刚,等,2010.开放式虚拟地球集成共享平台GeoGlobe[J].测绘学报,39(6):551-553.

韩哲,刘玉明,管文艳,等,2017.osgEarth在三维GIS开发中的研究与应用[J].现代防御技术,45(2):14-21.

胡良云,2017.HTC Vive VR游戏开发实战[M].北京:清华大学出版社.

胡亚,朱军,李维炼,等,2018.移动VR洪水灾害场景构建优化与交互方法[J].测绘学报,47(8):1123-1132.

胡自和,刘坡,龚建华,等,2015.基于虚拟地球的台风多维动态可视化系统的设计与实现[J].武汉大学学报(信息科学版),40(10):1299-1305.

黄鹏程,江剑宇,杨波,等,2018.双目立体视觉的研究现状及进展[J].光学仪器,40(4):81-86.

黄昊蒙,陈静,2016.一种面向虚拟地球的海面动态可视化优化方法[J].测绘学报,45(S1):135-143.

李朝奎,胡焜豪,邢建华,等,2018.大范围复杂三维场景并行绘制实时帧同步技术[J].测绘科学,43(6):106-111.

李朝新,张俊平,吴利青,2016.虚拟现实技术支持下的GIS立体显示系统的设计与实现[J].测绘通报(9):119-122.

李德仁,龚健雅,邵振峰,2010.从数字地球到智慧地球[J].武汉大学学报(信息科学版),35(2):127-132,253-254.

李佼,2009.基于 Skyline 的三维 GIS 开发关键技术研究[D].上海:华东师范大学.

罗丹,2009.数字城市模型自适应相关 LOD 技术研究[D].武汉:华中师范大学.

潘磊磊,祁瑞瑞,王俊骎,等,2016.晕动病前庭生理机制研究进展[J].第二军医大学学报,37(8):1012-1018.

佘江峰,陈景广,程亮,等,2012.三维地形场景并行渲染技术进展[J].武汉大学学报(信息科学版),37(4):463-467.

申申,龚建华,李文航,等,2018.基于虚拟亲历行为的空间场所认知对比实验研究[J].武汉大学学报(信息科学版),43(11):1732-1738.

水泳,2013.虚拟现实中连续碰撞检测算法研究[D].合肥:中国科学技术大学.

宋关福,钟耳顺,吴志峰,等,2019.新一代 GIS 基础软件的四大关键技术[J].测绘地理信息,44(1):1-8.

童晓冲,2011.空间信息剖分组织的全球离散格网理论与方法[J].测绘学报,40(4):536.

王鸥,2014.大规模球形地形绘制技术研究与实现[D].成都:电子科技大学.

王鹏,2015.快速构建逼真三维虚拟仿真地球场景的若干关键技术研究[D].武汉:武汉大学.

吴立新,车德福,郭甲腾,2006.面向地上下无缝集成建模的新一代三维地理信息系统[J].测绘工程,15(5):1-6.

吴立新,余接情,2009.基于球体退化八叉树的全球三维网格与变形特征[J].地理与地理信息科学,25(1):1-4.

吴立新,余接情,2012.地球系统空间格网及其应用模式[J].地理与地理信息科学,28(1):7-13.

熊汉江,郑先伟,龚健雅,2017.面向虚拟地球的海陆地形多尺度 TIN 建模及可视化方法[J].武汉大学学报(信息科学版),42(11):1597-1603.

应申,郭仁忠,李霖,2018.应用 3D GIS 实现三维地籍:实践与挑战[J].测绘地理信息,43(2):1-6.

张立强,2004.构建三维数字地球的关键技术研究[D].北京:中国科学院研究生院.

赵康,2017.基于 GIS 的虚拟景观平台设计与实现[J].测绘科学,42(3):165-168,173.

赵沁平,蒋恺,2016a.虚拟现实产业爆发的前夜[J].中国科学(信息科学),46(12):1774-1778.

赵沁平,周彬,李甲,等,2016b.虚拟现实技术研究进展[J].科技导报,34(14):71-75.

赵学胜,贲进,孙文彬,等,2016.地球剖分格网研究进展综述[J].测绘学报,45(S1):1-14.

周成虎,欧阳,马廷,2009.地理格网模型研究进展[J].地理科学进展,28(5):657-662.

周志光,石晨,史林松,等,2018.地理空间数据可视分析综述[J].计算机辅助设计与图形学学报,30(5):747-763.

朱庆,2014.三维 GIS 及其在智慧城市中的应用[J].地球信息科学学报,16(2):151-157.

朱庆,付萧,2017.多模态时空大数据可视分析方法综述[J].测绘学报,46(10):1672-1677.

字建香,2012.高精度定位跟踪系统辅助下的沉浸式场景漫游系统构建[D].北京:中国地质大学(北京).

ABDUL-RAHMAN A,PILOUK M,2008. Spatial data modelling for 3D GIS[M]. New York:Springer.

AURAMBOUT J, PETTIT C, 2008. Digital globes: gates to the digital earth[J]. Digital earth summit on geoinformatics(25): 233-238.

AVVEDUTO G, TECCHIA F, CARROZZINO M, et al, 2016. A scalable cluster-rendering architecture for immersive virtual environments [C]//DEPAOLISL T, MONGELLI A. International conference on augmented reality, virtual reality and computer graphics. Switzerland: Springer International Publishing: 102-119.

AZMANDIAN M, Grechkin T, BOLAS M, et al, 2016. Automated path prediction for redirected walking using navigation meshes[C]//ANGELES L. 2016 IEEE Symposium on 3D User Interfaces (3DUI). California: American Congress on Surveying and Mapping: 880-889.

BAILEY J E, CHEN A, 2011. The role of virtual globes in geoscience[J]. Computers & geosciences, 37(1): 1-2.

BARNES R, 2019. Optimal orientations of discrete global grids and the poles of inaccessibility[J]. International journal of digital earth, 13(1): 1-14.

BIEDERT T, WERNER K, HENTSCHEL B, et al, 2017. A task-based parallel rendering component for large-scale visualization applications [C]//TELEA A, BENNETT J. Eurographics symposium on parallel graphics and visualization. Lyon, France: The Eurographics Association: 63-71.

BOULOS M N K, ROBINSON L R, 2009. Web GIS in practice Ⅷ: stereoscopic 3-D solutions for online maps and virtual globes[J]. International journal of health geographics, 8(1): 59-71.

BREMER M, MAYR A, WICHMANN V, et al, 2016. A new multi-scale 3D-GIS-approach for the assessment and dissemination of solar income of digital city models[J]. Environment and urban systems (57): 144-154.

BRUDER G, INTERRANTE V, PHILLIPS L, et al, 2012. Redirecting walking and driving for natural navigation in immersive virtual environments[J]. IEEE transactions on visualization and computer graphics, 18(4): 538-545.

CHEN M, LIN H, 2018. Virtual geographic environments (VGEs): originating from or beyond virtual reality(VR)[J]. International journal of digital earth, 11(4): 329-333.

CHENG R, CHEN J, CAO M, 2019. A virtual globe-based three-dimensional dynamic visualization method for gas diffusion[J]. Environmental modelling and software(111): 13-23.

ÇÖLTEKIN A, HEMPEL J, BRYCHTOVA A, et al, 2016. Gaze and feet as additional input modalities for interacting with geospatial interfaces[J]. Isprs annals of the photogrammetry, remote sensing and spatial information sciences(Ⅲ-2): 113-120.

ÇÖLTEKIN A, OPREAN D, WALLGRÜN J, et al, 2019. Where are we now? Re-visiting the digital earth through human-centered virtual and augmented reality geovisualization environments[J]. International journal of digital earth, 12(2): 119-122.

CORDEIL M, DWYER T, KLEIN K, et al, 2017. Immersive collaborative analysis of network connectivity: CAVE-style or head-mounted display? [J]. IEEE transactions on visualization and computer graphics, 23(1): 441-450.

COZZI P,RING K,2011. 3D engine design for virtual globes[M]. New York:A K Peters/CRC Press.

DEIANA A, 2009. Skylineglobe: 3D web GIS solutions for environmental security and crisis management[C]//AMICIS R D, STOJANOVIC R, CONTI G. Geospatial visual analytics. Dordrecht:Springer Netherlands:363-373.

DEIBE D, AMOR M, DOALLO R, 2019. Supporting multi-resolution out-of-core rendering of massive LiDAR point clouds through non-redundant data structures[J]. International journal of geographical information science,33(3):593-617.

DONG Q,CHEN J,2018. A tile-based method for geodesic buffer generation in a virtual globe [J]. International journal of geographical information science,32(2):302-323.

DONG T, LIU S, XIA J, et al, 2015. A time-critical adaptive approach for visualizing natural scenes on different devices[J]. Plos One,10(2):1-26.

EHLERS M,WOODGATE P,ANNONI A,et al,2014. Advancing digital earth: beyond the next generation[J]. International journal of digital earth,7(1):3-16.

EILEMANN S, PAJAROLA R, 2007. Direct send compositing for parallel sort-last rendering [C]//EGPGV. 7th Eurographics conference on parallel graphics and visualization. Switzerland: Eurographics Association:29-36.

FANG W, SUN G, Zheng P, et al, 2010. Efficient pipelining parallel methods for image compositing in Sort-Last rendering[C]//DING C,SHAO Z,ZHENG R. Network and Parallel Computing. Berlin:Springer:289-298.

FUNKHOUSER T, SÉQUIN C, 1993. Adaptive display algorithm for interactive frame rates during visualization of complex virtual environments[J]. Siggraph(93):247-254.

GOODCHILD M F, 2000. Discrete global grids for digital earth[C]//GOODCHILD M F. International Conference on Discrete Global Grids. California:Santa Barbara:69-77.

GOODCHILD M F,GUO H, ALESSANDRO A, et al, 2012. Next-generation digital earth[J]. Proceedings of the National Academy of Sciences of the United States of America, 109(28): 11088-11094.

GORE A,1998. The digital earth: understanding our planet in the 21st century[J]. Australian surveyor,43(2):89-91.

GORELICK N, HANCHER M, DIXON M, et al, 2017. Google Earth Engine: planetary-scale geospatial analysis for everyone[J]. Remote sensing of environment(202):18-27.

HAVENITH H, CERFONTAINE P, ANNE-SOPHIE M, et al, 2019. How virtual reality can help visualise and assess geohazards[J]. International journal of digital earth,12(2):173-189.

HELBIG C,BAUER H S,RINK K, et al, 2014. Concept and workflow for 3D visualization of atmospheric data in a virtual reality environment for analytical approaches[J]. Environmental earth sciences,72(10):3767-3780.

HRUBY F, RESSL R, GENGHIS D, et al, 2019. Geovisualization with immersive virtual environments in theory and practice[J]. International journal of digital earth,12(2):123-136.

HUANG W,CHEN J,2018. A virtual globe-based time-critical adaptive visualization method for 3D city models[J]. International journal of digital earth,11(9):939-955.

HUANG W,CHEN J,2019. A multi-scale VR navigation method for VR globes[J]. International journal of digital earth,12(2):228-249.

KAEHLER A, Bradski G, 2016. Learning OpenCV 3: computer vision in C++ with the OpenCV library[M]. Sebastopol,CA:O'Reilly Media.

KAMEL BOULOS M N,BLANCHARD B J,WALKER C,et al,2011. Web GIS in practice X: a Microsoft Kinect natural user interface for Google Earth navigation[J]. International journal of health geographics,10(1):45-45.

KÄSER D,PARKER E,BÜHLMANN M,et al,2016. Bringing Google Earth to virtual reality [C]//ANAHEIM. ACM SIGGRAPH 2016 Talks. California:ACM:1-1.

KÄSER D, PARKER E, GLAZIER A, et al, 2017. The making of Google Earth VR[C]// ANGELES L. ACM SIGGRAPH 2017 Talks. California:ACM:1-2.

KELLOGG L H, BAWDEN G W, BERNARDIN T, et al, 2008. Interactive visualization to advance earthquake simulation[J]. Pure and applied geophysics,165(3-4):621-633.

KENDALL W,PETERKA T,HUANG J,et al,2010. Accelerating and benchmarking radix-k image compositing at large scale[C]//AIRE-LA V. 10th Eurographics Conference on Parallel Graphics and Visualization. Switzerland:Eurographics Association:101-110.

KIDO Y,ICHIKAWA K,DATE S,et al,2016. SAGE-based tiled display wall enhanced with dynamic routing functionality triggered by user interaction[J]. Future generation computer systems(56):303-314.

KIM S,LEE S,KALA N,et al,2018. An effective FOV restriction approach to mitigate VR sickness on mobile devices: an effective approach to mitigate VR sickness[J]. Journal of the society for information display,26(6):376-384.

KUBÍČEK P,ŠAŠINKA Č,STACHOŇ Z,et al,2019. Identification of altitude profiles in 3D geovisualizations: the role of interaction and spatial abilities[J]. International journal of digital earth,12(2):156-172.

LAI D,SAJADI B,JIANG S,et al,2015. A distributed memory hierarchy and data management for interactive scene navigation and modification on tiled display walls[J]. IEEE transactions on visualization and computer graphics,21(6):714-729.

LI X,LV Z,HU J,et al,2015. XEarth: a 3D GIS platform for managing massive city information [C]//BHATTACHARYYA S. 2015 IEEE International Conference on Computational Intelligence and Virtual Environments for Measurement Systems and Applications (CIVEMSA). Shenzhen:IEEE:1-6.

LIANG J,GONG J,LI W,2018. Applications and impacts of Google Earth: a decadal review (2006—2016)[J]. ISPRS journal of photogrammetry and remote sensing(146):91-107.

LINDSTROM P,PASCUCCI V,2002. Terrain simplification simplified: a general framework for view-dependent out-of-core visualization[J]. IEEE transactions on visualization and computer graphics,8(3):239-254.

LORENSEN W E,CLINE H E,1987. Marching cubes: a high resolution 3D surface construction algorithm[J]. ACM SIGGRAPH computer graphics,21(4):163-169.

LUO F, ZHONG E, CHENG J, et al, 2011. VGIS-COLLIDE: an effective collision detection algorithm for multiple objects in virtual geographic information system [J]. International journal of digital earth,4(1):65-77.

LV Z, LI X, LI W, 2017. Virtual reality geographical interactive scene semantics research for immersive geography learning[J]. Neurocomputing(254):71-78.

MA K, PAINTER J, HANSEN C, et al, 1994. Parallel volume rendering using binary-swap compositing[J]. IEEE computer graphics and applications,14(4):59-68.

MAEDA T, ANDO H, SUGIMOTO M, 2005. Virtual acceleration with galvanic vestibular stimulation in a virtual reality environment [C]//IEEE. IEEE Proceedings: VR 2005. Germany:IEEE:289-290.

MASON A E W, 1999. Predictive hierarchical level of detail optimization[D]. Cape Town: University of Cape Town.

MOLNAR S,COX M,ELLSWORTH D,et al,1994. A sorting classification of parallel rendering [J]. IEEE computer graphics and applications,14(4):23-32.

MOLONEY B,AMENT M,WEISKOPF D,et al,2011. Sort-First parallel volume rendering[J]. IEEE transactions on visualization and computer graphics,17(8):1164-1177.

MUHANNA M A,2015. Virtual reality and the CAVE:taxonomy, interaction challenges and research directions[J]. Journal of King Saud University - computer and information sciences, 27(3):344-361.

PIROTTI F,BROVELLI M A,PRESTIFILIPPO G,et al,2017. An open source virtual globe rendering engine for 3D applications: NASA World Wind[J]. Open geospatial data, software and standards,2(1):4.

ROTH S D,1982. Ray casting for modeling solids[J]. Computer graphics and image processing, 18(2):109-144.

SAHR K, WHITE D, Kimerling A J, 2003. Geodesic discrete global grid systems [J]. Cartography and geographic information science,30(2):121-134.

SHE J,ZHOU Y,TAN X,et al,2017. A parallelized screen-based method for rendering polylines and polygons on terrain surfaces[J]. Computers & geosciences(99):19-27.

STANNEY K M, HALE K S, 2014. Handbook of virtual environments: design, implementation, and applications[M]. 2nd ed. Boca Raton:CRC Press.

SUMA E,AZMANDIAN M,GRECHKIN T,et al,2015. Making small spaces feel large: infinite walking in virtual reality[C]//ANGELES L. ACM SIGGRAPH 2015 Emerging Technologies. California:ACM:1.

TORRES J, TEN M, ZARZOSO J, et al, 2013. Comparative study of stereoscopic techniques applied to a virtual globe[J]. The cartographic journal,50(4):369-375.

VAN WAVEREN J M P, 2016. The asynchronous time warp for virtual reality on consumer hardware[C]//MUNICH J. Proceedings of the 22nd ACM Conference on Virtual Reality Software and Technology. Germany: ACM: 37-46.

VERBREE E, MAREN G, GERMS R, et al, 1999. Interaction in virtual world views-linking 3D GIS with VR[J]. International journal of geographical information science, 13(4): 385-396.

WRIGHT T E, BURTON M, PYLE D, et al, 2009. Visualising volcanic gas plumes with virtual globes[J]. Computers & geosciences, 35(9): 1837-1842.

WU Z, WANG N, SHAO J, et al, 2018. GPU ray casting method for visualizing 3D pipelines in a virtual globe[J]. International journal of digital earth, 12(4): 1-14.

YANG B, SHI W, LI Q, 2005. An integrated TIN and grid method for constructing multi-resolution digital terrain models[J]. International journal of geographical information science, 19(10): 1019-1038.

YANG Y, JENNY B, DWYER T, et al, 2018. Maps and globes in virtual reality[J]. Computer graphics forum, 37(3): 427-438.

YU L, GONG P, 2012. Google Earth as a virtual globe tool for Earth science applications at the global scale: progress and perspectives[J]. International journal of remote sensing, 33(12): 3966-3986.

ZHANG Y, ZHU Q, HU M, 2007. Time-critical adaptive visualization method of 3D city models [C]//MAYBANK S J. MIPPR 2007: Pattern Recognition and Computer Vision, SPIE. [S. l.]: SPIE Proceedings: 1-8.

ZHANG X, YUE P, CHEN Y, et al, 2019. An efficient dynamic volume rendering for large-scale meteorological data in a virtual globe[J]. Computers & geosciences(126): 1-8.

ZHENG X, XIONG H, GONG J, et al, 2017. A morphologically preserved multi-resolution TIN surface modeling and visualization method for virtual globes [J]. ISPRS journal of photogrammetry and remote sensing(129): 41-54.

ZHOU M, CHEN J, GONG J, 2013. A pole-oriented discrete global grid system: quaternary quadrangle mesh[J]. Computers & geosciences(61): 133-143.